"十二五"国家重点出版物出版规划项目

地质灾害治理工程设计参考图集

DIZHI ZAIHAI ZHILI GONGCHENG SHEJI CANKAO TUJI

徐光黎　马霄汉　编著

中国地质大学出版社有限责任公司
ZHONGGUO DIZHI DAXUE CHUBANSHE YOUXIAN ZEREN GONGSI

内 容 简 介

本书由地质灾害治理工程参考图、综合治理实例和附录三部分组成。第一部分介绍地质灾害治理工程设计图纸的基本要求,以及锚固工程、支(拦)挡工程、减载与压脚工程、护坡工程、排(截)水工程和监测工程等平面布置图、剖面图、立面图、结构图等设计参考图。第二部分给出了滑坡、危岩体和塌岸等几种常见地质灾害综合治理工程设计参考图的实例。第三部分收录了治理工程制图中所涉及的图例,钢筋、锚杆、锚索规格及技术参数,焊接、水泥、砂浆及土工合成材料等材料及其技术参数。本图集力求简明实用,准确、清晰和规范,是一本从事地质灾害治理工程的勘查、设计、施工、监理和管理人员的实用参考书,也可作为地质工程、岩土工程、水利水电工程、交通工程和环境工程等专业的大学生、研究人员的参考书。

图书在版编目(CIP)数据

地质灾害治理工程设计参考图集/徐光黎,马霄汉编著.—武汉:中国地质大学出版社有限责任公司,2013.9(2020.1重印)

ISBN 978-7-5625-3121-0

Ⅰ.①地…

Ⅱ.①徐…②马…

Ⅲ.①地质-自然灾害-灾害防治-工程-设计-图集

Ⅳ.①P694-64

中国版本图书馆 CIP 数据核字(2013)第 138767 号

地质灾害治理工程设计参考图集	徐光黎　马霄汉　编著
责任编辑:徐润英	责任校对:戴 莹
出版发行:中国地质大学出版社有限责任公司(武汉市洪山区鲁磨路388号)	邮政编码:430074
电话:(027)67883511　　传真:(027)67883580	E-mail:cbb@cug.edu.cn
经　销:全国新华书店	http://www.cugp.cug.edu.cn
开本:880毫米×1 230毫米 1/16	字数:390千字　印张:12
版次:2013年9月第1版	印次:2020年1月第3次印刷
印刷:武汉中远印务有限公司	印数:3 001—4 000 册
ISBN 978-7-5625-3121-0	定价:88.00元

如有印装质量问题请与印刷厂联系调换

前 言

我国是一个地质灾害多发的国家。随着国民经济的快速发展，人类工程活动的深刻影响，极端气候的屡屡来袭，地质灾害体的发生数量越来越多，地质灾害产生的危害亦越来越大。地质灾害防治工作具有地质条件复杂、数量多、规模大、影响范围广、治理难度大等特点。因此，有效地预防和治理地质灾害比以往任何时候都显得更加重要，这也对我们提出了更高的要求与挑战。

我国的地质灾害防治工作受到国家和社会的大力关注和重视，地质灾害防治与国家经济建设的宏观战略密切相关。进入21世纪以来，国家对于地质灾害防治的投入和规模越来越大，许多防治工程都取得了很好的效果。三峡库区地质灾害防治工作就是一个卓有成效的例子。先后实施的三峡库区地质灾害防治工程，治理了不少的滑坡、崩塌和塌岸，确保了三峡水库的正常蓄水，保护了库区地质生态环境和人民的生命财产。

在三峡库区地质灾害防治工作中，我们欣喜地看到：全国地矿、水利、铁道、煤田、有色金属、交通、建筑等数百个地质勘查、设计、施工单位及高校、研究所参与了三峡库区地质灾害防治工程。他们通过大规模的地质灾害防治工程项目的实施，积累了大量的地质灾害治理方面的成功经验，形成了宝贵的科学财富。但是，我们也看到：由于国家或行业尚未建立起一整套完善的地质灾害勘查、设计、施工等方面的规程，特别是在地质灾害治理工程图件方面尚无任何标准出台，众多行业、单位由于立足点不一、标准不一、认识不一，在勘察、设计和施工中，在表示方法、检测、施工治理管理上产生了较大的分歧，并造成概念模糊或混乱。因此，对地质灾害治理工程的设计图集进行规范化、标准化、集成化具有重要的现实意义，以期使地质灾害治理工程设计既满足安全可靠、经济合理、技术可行、确保工程质量的要求，又提高工作效益，多快好省地达到减灾防灾的目的。

为了顺应当前的地质灾害防治工作的新形势，填补国内外地质灾害治理工程标准图集的空白，由湖北省国土资源厅地质灾害应急中心和中国地质大学（武汉）共同组织编写了《地质灾害治理工程设计参考图集》。内容汇集了地质灾害防治工程设计中的锚固、支（挡）挡、减载与压脚、护坡、排（截）水及监测等六类工程的设计参考图，综合治理参考实例和常用的建筑材料规格及其参数等。在地质灾害治理工程设计图中，展示了一些新的生态工程、环保工程的设计理念；收集整理出的工程实例具有一定的代表性，具有典型、通用的特点。本参考图集既是对传统地质灾害治理工程设计技术和现代生态工程理念的整合和总结，又有利于帮助年轻的设计人员迅速提高设计效率，对地质灾害治理工程设计基本技能的推广、培训和应用具有较大的实用价值。

在本图集编写的过程中，得到了许多领导、专家、广大设计和施工单位的大力支持。得到了三峡库区地质灾害防治领导小组原办公室主任李烈荣教授级高工，三峡库区地质灾害防治工作指挥部指挥长黄学斌、总工程师徐开祥，湖北省三峡库区地质灾害防治领导小组办公室王国耀等领导的关怀和支持；与专家组彭光忠研究员、郭其达教授等进行了有益的探讨，并得到他们的指导；研究生吴张中、张璐、余颖慧、孙长帅、胡义、吴章利、申

I

艳军、洪柳、龙悦、谢书萌、蔡清、胡焕忠、屈若枫、张亚飞、张飞、储汉东、杨超、赖方军、李志鹏、冯双、袁杰、杜琦、苑谊、吕家华等承担了大量的资料整理、稿件校对和图件清绘工作；马郧博士为CAD图集规范化提出了非常有益的建议。在此，对所有付出辛勤劳动并给予协助的同志致以衷心的感谢！同时，应该说明的是，书中引用了一些非公开出版的资料，并且没有列入参考文献中，可以说该图集凝聚了无数同仁的心血，借此，向拥有这些资料的单位和个人深表感谢和歉意！

本参考图集的构思由来已久，编写工作历时三年，经过了无数次的讨论、征求意见、修改、完善工作，目的就是为了把这样一件极有意义的事情做好。编写着重于参考、应用，力求精、便、广。"精"即为设计工作者提供准确的设计参考；"便"即设计工作者参考时方便、快捷；"广"即选取的设计方案要有代表性和广泛性。本参考图集若能对同行起到一定的借鉴参考作用，对推动地质灾害治理工程设计的规范化、合理化进程，对促进地质灾害治理工程设计的交流起到些微小作用，笔者将感到由衷的欣慰。这也是撰写本书的初衷。

书中设计图纸原为A3幅面，在出版时受书开本限制导致图上比例尺与实际有出入，特以致歉，尽管我们在编写过程中付出了很大的努力，但由于地质灾害防治工程设计的复杂性，加之水平有限，书中仍难免有不妥之处，恳请广大读者提出宝贵意见和建议，将不胜感激！

编著者
2012 年 12 月

目　　录

- **第一章　地质灾害治理工程设计图纸基本要求** ··· (1)
  - 第一节　设计阶段与图纸要求 ·· (1)
  - 第二节　设计图纸的基本要求 ·· (2)
  - 第三节　设计图纸的一般要求 ·· (5)
- **第二章　锚固工程设计图纸** ·· (13)
  - 第一节　概　述 ·· (13)
  - 第二节　锚固工程设计图纸 ··· (14)
- **第三章　支(拦)挡工程设计图纸** ·· (21)
  - 第一节　概　述 ·· (21)
  - 第二节　支(拦)挡工程设计图纸 ·· (25)
- **第四章　削方减载与压脚工程设计图纸** ··· (50)
  - 第一节　概　述 ·· (50)
  - 第二节　削方减载与压脚工程设计图纸 ··· (50)
- **第五章　护坡工程设计图纸** ·· (54)
  - 第一节　概　述 ·· (54)
  - 第二节　护坡工程设计图纸 ··· (57)
- **第六章　排(截)水工程设计图纸** ·· (82)
  - 第一节　概　述 ·· (82)
  - 第二节　排(截)水工程设计图纸 ·· (83)
- **第七章　监测工程设计图纸** ·· (93)
  - 第一节　概　述 ·· (93)
  - 第二节　监测工程设计图纸 ··· (94)
- **第八章　设计参考图纸实例** ·· (100)
  - 第一节　A 滑坡治理工程设计参考实例 ·· (100)
  - 第二节　B 滑坡治理工程设计参考实例 ·· (117)
  - 第三节　C 危岩体治理工程设计参考实例 ··· (125)
  - 第四节　D 塌岸防护工程设计参考实例 ·· (135)
  - 第五节　E 泥石流治理工程设计参考实例 ··· (144)
- **主要参考文献** ·· (156)
- **附录** ··· (157)
  - 附录 A：图例 ··· (157)
  - 附录 B：钢筋规格及技术参数 ··· (161)

附录C:锚杆技术参数 ……………………………………………………………… (165)

附录D:锚索规格及技术参数 ……………………………………………………… (167)

附录E:焊接连接及技术要求 ……………………………………………………… (173)

附录F:水泥强度等级及水泥砂浆技术要求 ……………………………………… (178)

附录G:砂料、石料及技术要求 …………………………………………………… (182)

附录H:土工合成材料及技术要求 ………………………………………………… (184)

第一章　地质灾害治理工程设计图纸基本要求

第一节　设计阶段与图纸要求

一、设计阶段

地质灾害治理工程设计可划分为可行性研究、初步设计和施工图设计三个阶段。对于规模小、地质条件清楚的地质灾害体，或者是应急治理工程，可简化设计阶段。

（1）可行性研究。根据防治目标，在已审定的地质灾害治理工程地质勘察报告基础上进行编制。对两种或多种设计方案的技术、经济、社会和环境效益等进行论证，并作出投资估算。提交可行性研究报告及可行性研究附图册；设计计算和投资估算内容以计算书和估算书的形式作为附件提交。

（2）初步设计。对可行性研究推荐方案进行充分论证和试验。提出具体工程实现步骤和有关工程参数，进行结构设计，编制相应的报告及图件，编制投资概算；提交初步设计报告及设计附图册，并提交有关试验报告等附件；设计计算和投资概算内容可以计算书和估算书的形式作为附件提交。

（3）施工图设计。对初步设计确定的工程图进行细部设计；提出施工技术、施工组织和安全措施要求，并满足工程施工和工程招投标要求；编制工程施工图件及说明，编制施工图预算；提交施工设计图册及施工图说明书、预算书等。

二、设计图纸

地质灾害治理工程设计，需要通过平面图、纵横剖面图、工程构筑物结构图及细部大样图等一系列图件来表达，图件内容包括治理工程所在位置、各部位坐标、基础型式、地层岩性、地质构造、材质结构、尺寸、高程、连接安装方法等，绘制出的图纸应满足可行性研究、初步设计或施工图阶段计算工程量的需要。三个设计阶段所包括的一般图纸要求如表 1-1 所示。

表 1-1　不同阶段要求的设计图纸

图名	可行性研究	初步设计	施工图设计
治理工程总平面布置图	√	√	√
治理工程总平面布置图（比选方案）	√	×	×
治理工程总剖面布置图	√	√	√
治理工程总剖面布置图（比选方案）	√	×	×
治理工程施工平面布置图	×	×	√
监测工程平面布置图	×	×	√
分项工程平面布置图	√	√	√
分项工程平面布置图（比选方案）	√	×	×
分项工程立面展示图	△	△	△
分项工程立面展示图（比选方案）	△	×	×
分项工程剖面布置图	√	√	√

续表 1-1

图名	可行性研究	初步设计	施工图设计
分项工程剖面布置图（比选方案）	√	×	×
分项工程结构设计图	√	√	√
分项工程结构设计图（比选方案）	√	×	×
分项工程结构配筋构造图	√	√	√
分项工程结构配筋图（比选方案）	△	×	×
分项工程结构大样图	√	√	√
分项工程结构大样图（比选方案）	△	×	×
监测工程结构大样图	△	√	√
分项工程结构施工图	×	×	√
变形观测点施工图	×	×	√

注：√—必有；△—可有可无；×—不需要。

第二节 设计图纸的基本要求

一、设计图纸装订要求

地质灾害治理工程设计图纸可单独成册，给出图纸目录。装订顺序为地质灾害治理工程总平面布置图；随后按照各分项工程排序，同一分项工程为一组图纸，按照分项工程平面布置图、纵横剖面布置图、结构图及细部大样图的顺序排列；施工平面布置图；监测平面布置图。

对于可行性研究报告所附的多个方案图纸，应按照方案一（平、剖、结构）、方案二（平、剖、结构）等的顺序编组装订。

二、设计图纸绘制要求

设计图纸绘制应参照建筑制图相关规范执行，图形比例及透视关系应正确、图面布局应有层次、重点突出、规范美观；图签应有设计、审核等责任人签字栏并手签；对表示构筑物轮廓、结构、材质的线条粗细度、线型、符号、尺寸及高程标注等应规范画法（详见第三节）。

三、设计图纸内容要求

地质灾害治理工程设计图纸一般包括平面图、立面图、纵横剖面图、工程结构构造图及细部大样图等图件，各纵、横剖面图编号应与平面图上的剖面线编号对应。

当单个灾害体体积小、简单时，如单个危岩体的治理工程，可将其剖面、立面结构作为一组绘制在同幅图内，必要时附危岩正面体、侧面照片辅助说明危岩体位置及工程布置。

工程平面布置图应淡化原基础图层，新布置的工程应重点突出或对不同的工程区用彩色区分示意，应标明坐标网、控制点坐标、工程点坐标、工程数量表及各分项工程设计说明；统一平面和剖面图中地层时代、抗滑桩、锚索（杆）、挡土墙、排水沟、拦石网、谷防坝、拦碴坝等图例。各设计图纸内容说明如下。

1. 治理工程总平面布置图

（1）图面内容。图幅不宜大于 A0。滑坡、危岩体或沟域较小的泥石流总平面图比例尺以 1∶1 000～1∶2 000 为宜。同一项目由相距较远的各灾害体组成时或沟域较大的泥石流总平面图，比例尺可采用 1：5 000～1：10 000。总平面图以地质灾害勘察平面图为底图，以点、线、面分层次表达灾害体范围、危险区范围、保护对象、地形地质要素，并重点突出表达各项治理工程布置的位置，根据需要，采用不同颜色、形状加以区分。各工程宜按照该工程构筑物概化的外轮廓线的平面投影特点按比例表示，总平面图应反映全部治理工程的布局及位置关系。

（2）图纸说明。针对各灾害体及对应的分项治理工程逐条说明治理方案，内容包括：

1）地质灾害基本特征。治理工程区由哪些灾害体组成，说明滑坡（危岩、不稳定斜坡）的规模、稳定性系数；泥石流沟物源量、一次固体物质冲出量、流量等与治理工程体系布局相关的参数。

2）针对某灾害体的治理方案组合。如针对某滑坡采取抗滑桩＋排水，针对某泥石流采取拦砂坝＋排导槽，针对某危岩体采取锚固＋支撑＋封填凹岩腔。说明各工程的布置位置及其保护对象。

3）工程主要尺寸。如挡土墙、排水沟的长度、高度，抗滑桩类型、桩数、桩长，主动防护网、格构护坡面积，拦砂坝的坝高、库容等。

4）图例。图面中具有的各类工程、地质内容等符号应在图例中对应反映。按照工程构筑物类（抗滑桩、挡土墙、格构等）、地质灾害类（滑坡范围、危险区范围等）、地质勘察类（剖面线、钻孔等）、保护对象类（民房、公路、规划区等）、其他类（测量基准点、高程点等）有序排列。

5）工程量表。表中应按照各项工程列出主要清单工程量及汇总工程量。

6）工程构筑物特征表。表中针对各工程构筑物列出表征其功能、结构、尺寸的主要参数。如抗滑桩的断面尺寸、桩长、桩间距；挡土墙墙高、长度、基础埋深；喷砼厚度、分层喷射厚度、面积；锚索（杆）材质、直径、长度、入射角，水平向垂直向间距，注浆要求；拦砂坝库容、溢流口宽深、设计流量等。

2. 治理工程分项平面布置图

（1）图面内容。图幅不宜大于A0。滑坡治理的抗滑桩、挡土墙，危岩体治理的清方、锚索（杆）、拦石墙、拦石网，泥石流治理的排导槽、防护堤等分项工程平面布置图以A3或A3加长图纸绘制为宜，比例尺以1：200～1：500为宜。分项治理工程平面布置图针对某个地质灾害体（如1号滑坡）及对应的某分项工程（如A型抗滑桩）范围的勘察平面图为底图，以点、线、面分层次表达本图反映的灾害体范围、危险区范围、保护对象、地形地质要素，并重点突出表达（可用不同颜色、形状区分）分项治理工程构筑物的正投影，按比例绘出构筑物外轮廓、顶底和结构分界特征线，标注各部位尺寸、高程、基础开挖范围线、坝的回淤范围线。

（2）图纸说明。针对灾害体及对应的分项治理工程逐条进一步说明治理方案。如：

1）地质灾害基本特征。治理工程区由哪些灾害体组成，说明其规模、稳定性等。

2）针对某灾害体的治理方案组合。详细说明各工程的结构类型、布设位置、工程目的及保护对象。

3）工程主要尺寸。如挡土墙、排水沟的长度、高度，抗滑桩类型、桩数、截面面积、桩长、桩间距，主动防护网、格构护坡材质、面积等。

（3）图例。参照总平面图，针对分项图面内容取舍，突出重点。

（4）工程量表。表中应按照分项工程单元列出主要工程量清单。

（5）工程构筑物控制点表。表中针对分项工程构筑物轴线端点、外轮廓线拐点、中心点等具有定位放线测量意义的点（设计踏勘定测打桩点）及工程区测量基准点（施工放线依据的测量等级点，不少于2个）应列出坐标、高程数据，并注明采用的坐标、高程系统。

3. 治理工程纵横剖面布置图

（1）图面内容。以不大于A3及A3加长图纸为宜。比例尺以1：200～1：500为宜。以地质灾害勘察剖面图为底图，剖面图上必须表达灾害体范围、危险区范围、保护对象、地形地质要素，并突出表达剖面能够反映的各项（可用不同颜色、形状区分）治理工程布置的位置（按比例和构筑物外轮廓线及结构特点反映）。纵剖面布置图主要表达地质灾害体、治理工程与保护对象的关系，横剖面布置图主要表达抗滑桩、挡土墙、拦石墙、拦石网等工程沿轴线方向的构筑物尺寸结构与地形、滑带、滑床、裂隙带、软弱层等地质要素的关系。

(2) 图纸说明。针对灾害体及对应的分项治理工程逐条说明治理方案。如：

1) 地质灾害基本特征。灾害体范围，说明其规模、稳定性。

2) 设计岩土参数。应说明本图纸中工程设计依据的岩土参数，如抗滑桩处推力值、桩后抗力值、嵌固段岩土侧向承载力、地基系数等设计参数；挡土墙处土压力、地基承载力等；拦石墙（网）处的滚石冲击力、弹跳高度、基础承载力等；拦砂坝处泥石流流量、冲刷深度、冲击力、弯道超高等设计的地质参数。

3) 工程布置。详细说明灾害体、工程的位置及与保护对象的关系。

4) 工程主要尺寸。如挡土墙，排水沟的长度、高度；抗滑桩类型、桩数、桩长；主动防护网、格构护坡面积、拦砂坝的库容等。

5) 图例。针对剖面图面能够表达的内容取舍，突出重点，参照总平面图例有序排列。

6) 工程量表。表中应按照各工程单元，列出本剖面图控制段能够反映的各项工程主要清单工程量及汇总工程量。

4. 治理工程立面布置图

(1) 图面内容。以 A3 及 A3 加长图纸为宜，比例尺以 1∶50～1∶200 为宜。主要针对危岩体、不稳定斜坡治理，以勘察危岩立面图为底图，突出表达立面危岩范围、锚固、清除、支撑、凹腔封填等治理工程布设位置。

(2) 图纸说明。重点应说明各项工程布置、作用（控制灾害体、保护对象）、工程主要尺寸。

(3) 图例。针对立面图面能够表达的内容取舍，突出重点，有序排列。

(4) 工程量表。表中应按照各工程单元，列出本图能反映的各项工程主要工程量清单及汇总工程量。

5. 工程结构及细部大样图

(1) 图纸数量。应能满足不同部位施工用图及计算工程量的要求。主要针对工程构筑物类型及随地形地质变化的要求，按工程结构类型、地形地质变化的部位均应绘制工程结构断面图。如挡土墙应按照墙高、墙型、基础开挖深度不同等分段；排导槽的进口处、与既有桥涵交叉处、弯道加高处、断面变化处、出口处等分段绘制工程结构断面图。

(2) 图面内容。以 A3 及 A3 加长图纸为宜，比例尺以 1∶50～1∶200 为宜。主要针对工程构筑物的特点，结构图主要表达工程结构物的各部位尺寸、高程、外轮廓线、结构不同材料分界线、基础开挖线及地基岩土类型。细部大样图主要表达构筑物连接处或局部施工工法，如桩间挡土板与抗滑桩连接、单根钢筋下料大样及捆扎、挂网喷砼、排水孔、伸缩缝、反滤层、锚头等施工工法。

(3) 图纸说明。针对图面工程内容，逐条简要说明。

1) 图纸标注尺寸的计量单位。

2) 基础或边坡开挖。安全坡比及坡高；分段跳挖长度、相邻基坑或桩孔错深开挖；边坡支护要求；基坑排水防洪；基础承载力要求；基坑回填、余土处置（临时堆放场地、外运）等。

3) 主体工程施工。钢筋材质及制作、混凝土强度等级及浇注、砌体强度等级及砌筑、锚索（杆）、张拉等施工技术要求及质量要求。

4) 施工监测要求。基槽开挖、削坡、灾害体变形（如裂缝、落石等）、弃土、泥石流沟道内施工时对暴雨、泥石流的巡视、监测和预警等工作要求。

5) 工程质量检测要求。对主体受力工程结构物，如抗滑桩、锚杆、锚索等提出检测要求，说明检测时依据的设计锚固力等值。

6) 图例。针对大样图面能够表达的内容取舍，突出重点，有序排列。

7) 工程量表。详细列出本图能反映的各项工程量。

6. 监测平面布置图

(1) 图面内容。以不大于 A0 图幅为宜。以治理工程总平面图为底图，以点、线、面分层次表达灾害体范围、划定的危险区范围、保护对象（含施工临时工地、营地区），并突出监测剖面线、各类监测点的布置位置。

(2) 图纸说明。分施工监测和工程效果监测，重点应说明监测剖面、变形位移监测点（监测桩、监测钻孔等）布置及基准点位置，逐条说明其监测目的和作用（结合保护对象，施工期对灾害体的防范监测要求、工程运行期的效果监测要求）、监测点主要技术参数。

(3) 图例。图面中具有的监测点、基准点、监测剖面线、灾害体及其危险区范围、治理工程、地质内容等符号应在图例中对应反映。

(4) 控制点坐标高程表。应列出各监测点、基准点的坐标、高程数据，并注明采用的坐标、高程系统。

(5) 工程量表。表中应列出主要监测点工程量。必要时应附监测剖面布置图，以地质剖面图为底图反映监测点的布置及结构，如监测桩、监测钻孔等位置及施工大样图。

7. 施工平面布置图

(1) 图面内容。以不大于 A0 图幅为宜。以治理工程总平面图为底图，以点、线、面分层次表达灾害体范围、危险区范围、保护对象，并突出表达与治理工程施工相关的道路布设、电源、水源位置，大宗砂石料地材、钢材存放场地、水泥仓库，混凝土搅拌机、发电机安放位置，施工临时场地（办公、库房）及弃碴场范围等。

(2) 图纸说明。重点应说明施工工地、工棚、营地、施工道路布置范围；电源、水源接引位置；临时构筑物主要参数，如面积、长度等。

(3) 图例。图面中具有的地质灾害体范围、危险区范围、各类临时工程构筑物、施工道路等符号应在图例中对应反映。

(4) 工程量表。表中应列出临时工程主要工程量，各类占地面积、道路长度等。

(5) 施工平面布置图和监测平面布置图。当图面内容不相互干扰时可合并成一张图。

第三节　设计图纸的一般要求

一、图纸幅面

图纸幅面及图框尺寸应符合表 1-2 的规定。

表 1-2　幅面及图框尺寸　　　　　　　　　　（单位：mm）

幅面代号 尺寸代号	A0	A1	A2	A3	A4
$b\times l$	841×1 189	594×841	420×594	297×420	210×297
c	10	10	10	5	5
a	25	25	25	25	25

二、标题栏与会签栏

图纸的标题栏、会签栏及装订边的位置，横式使用的图纸应按图 1-1 布置。

标题栏应按图 1-2 格式，根据工程需要选择确定其尺寸、格式及分区。签字区应包含实名列和签名列。涉外工程的标题栏内，各项主要内容的中文下方应附有译文，设计单位的上方或左方应加"中华人民共和国"字样。

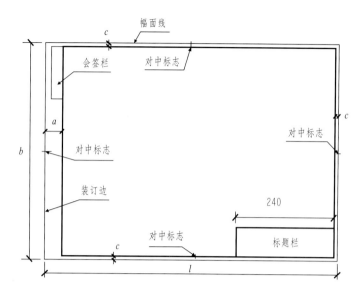

图 1-1 图纸形式

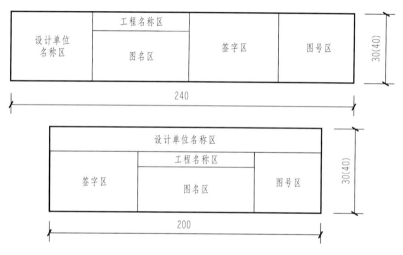

图 1-2 标题栏

三、图线

图线的宽度 b 宜从下列线宽系列中选取：2.0mm、1.4mm、1.0mm、0.7mm、0.5mm、0.35mm。每个图样应根据复杂程度与比例大小，先选定基本线宽 b，再选用表 1-3 中相应的线宽组。

表 1-3　线宽组　　　　　　　　　　　　　　　　　　　　　（单位：mm）

线宽比	线宽组					
b	2.0	1.4	1.0	0.7	0.5	0.35
$0.5b$	1.0	0.7	0.5	0.35	0.25	0.18
$0.25b$	0.5	0.35	0.25	0.18	—	—

注：①需要微缩的图纸，不宜采用 0.18mm 及更细的线宽。②同一张图纸内，各不同线宽中的细线可统一采用较细的线宽组的细线。

工程建设制图，参考选用表 1-4 所示的图线。设计新建的建筑物和构筑物可视轮廓线应采用粗实线或中实线，原有建筑物和构筑物采用虚线。同一张图纸内，相同比例的各图样应选用相同的线宽组。

表 1-4　图线

序号	图线名称	线型	线宽	一般用途
1	粗实线	 ———————	b	(1) 可见轮廓线 (2) 钢筋 (3) 结构分缝线 (4) 材料分界线 (5) 断层线 (6) 岩性分界线
2	虚线	 — — — — —	$b/2$	(1) 不可见轮廓线 (2) 不可见结构分缝线 (3) 原轮廓线 (4) 推测地层界线
3	细实线	 ———————	$b/3$	(1) 尺寸线和尺寸界线 (2) 剖面线 (3) 示坡线 (4) 重合剖面的轮廓线 (5) 钢筋图的构件轮廓线 (6) 表格中的分格线 (7) 曲面上的素线 (8) 引出线
4	点划线	 — · — · —	$b/3$	(1) 中心线 (2) 轴线 (3) 对称线
5	双点划线	 — · · — · · —	$b/3$	(1) 原轮廓线 (2) 假想投影轮廓线 (3) 运动构件在极限或中间位置的轮廓线
6	波浪线	 ～～～	$b/3$	(1) 构件断裂处的边界线 (2) 局部剖视的边界线
7	折断线	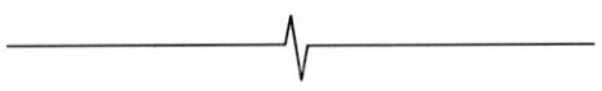 ——/\——	$b/3$	(1) 中断线 (2) 构件断裂处的边界线

注：①图线的宽度 b 宜从下列线宽系列中选取：2.0mm、1.4mm、1.0mm、0.7mm、0.5mm、0.35mm。②每个图样应根据复杂程度与比例大小，先选定基本线宽 b，再选用表 1-3 中相应的线宽组。③粗实线应用于图框线时，其宽度为 1～1.5b；应用于电气图中表示电线、电缆时，其宽度为 1～3b。

图纸的图框线和标题栏线可采用表 1-5 所示的线宽。

表 1-5　图框线、标题栏线的宽度　　　　　　　　　（单位：mm）

幅面代号	图框线	标题栏外框线	标题栏分格线、会签栏线
A0、A1	1.4	0.7	0.35
A2、A3、A4	1.0	0.7	0.35

四、字体

图纸上所需书写的文字、数字或符号等均应笔画清晰、字体端正、排列整齐；标点符号应清楚正确。

文字的字高应从以下系列中选用：3.5mm、5mm、7mm、10mm、14mm、20mm。若需书写更大的字，其高度应按 2 的比值递增。

图样及说明中的汉字宜采用长仿宋体，宽度与高度的关系应符合表 1-6 的规定。大标题、图册封面、地形图等的汉字也可书写成其他字体，但应易于辨认。

表 1-6　长仿宋体字高宽关系　　　　（单位：mm）

字高	20	14	10	7	5	3.5
字宽	14	10	7	5	3.5	2.5

拉丁字母、阿拉伯数字与罗马数字，如需写成斜体字，其斜度应是从字的底线逆时针向上倾斜75°。斜体字的高度与宽度应与相应的直体字相等。

拉丁字母、阿拉伯数字与罗马数字的字高应不小于 2.5mm。

数量的数值注写应采用正体阿拉伯数字。各种计量单位凡前面有量值的，均应采用国家颁布的单位符号注写。单位符号应采用正体字母。

分数、百分数和比例数的注写应采用阿拉伯数字和数学符号。例如：四分之三、百分之二十五和一比二十应分别写成 3/4、25％和 1：20。

当注写的数字小于 1 时，必须写出个位的"0"，小数点采用圆点，齐基准线书写，例如 0.01。

五、比例

图样的比例应为图形与实物相对应的线性尺寸之比。比例的大小是指其比值的大小，如 1：50 大于 1：100。

比例的符号为"："，比例应以阿拉伯数字表示，如 1：1、1：2、1：100 等。

比例宜注写在图名的右侧，字的基准线应取平；比例的字高宜比图名的字高小一号或二号（图 1-3）。

平面图　　1：100　　⑥ 1：20

图 1-3　比例的注写

绘图所用的比例应根据图样的用途与被绘对象的复杂程度从表 1-7 中选用，并优先用表中常用比例。

表 1-7　绘图所用的比例

常用比例	1：1、1：2、1：5、1：10、1：50、1：100、1：150、1：200、1：500、1：1 000、1：2 000、1：5 000、1：10 000、1：20 000、1：50 000、1：100 000、1：200 000
可用比例	1：3、1：4、1：6、1：15、1：25、1：30、1：40、1：60、1：80、1：250、1：300、1：400、1：600

一般情况下，一个图样应选用一种比例。特殊情况下也可自选比例，这时除应注出绘图比例外，还必须在适当位置绘制出相应的比例尺。

六、符号

剖视的剖切符号应符合下列规定：

（1）剖视的剖切符号应由剖切位置线及投射方向线组成，均应以粗实线绘制。剖切位置线的长度宜为 6~10mm；投射方向线应垂直于剖切位置线，长度应短于剖切位置线，宜为 4~6mm（图 1-4）。绘制时，剖视的剖切符号不应与其他图线相接触。

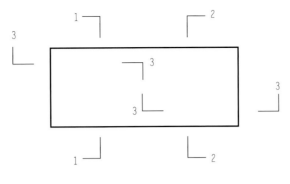

图 1-4 剖视的剖切符号

（2）剖视的剖切符号的编号宜采用阿拉伯数字，按顺序由左至右、由下至上连续编排，并应注写在剖视方向线的端部。

（3）需要转折的剖切位置线，应在转角的外侧加注与该符号相同的编号。

（4）建（构）筑物剖面图的剖切符号宜注在±0.00标高的平面图上。

断面的剖切符号应符合下列规定：

（1）断面的剖切符号应只用剖切位置线表示，并应以粗实线绘制，长度宜为6～10mm。

（2）断面剖切符号的编号宜采用阿拉伯数字，按顺序连续编排，并应注写在剖切位置线的一侧；编号所在的一侧应为该断面的剖视方向（图1-5）。

（3）剖面图或断面图，如与被剖切图样不在同一张图内，可在剖切位置线的另一侧注明其所在图纸的编号，也可以在图上集中说明。

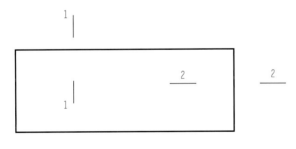

图 1-5 断面剖切符号

七、引出线

引出线应以细实线绘制，宜采用水平方向的直线，与水平方向成30°、45°、60°、90°的直线，或经上述角度再折为水平线。文字说明宜注写在水平线的上方[图1-6(a)]，也可注写在水平线的端部[图1-6(b)]。索引详图的引出线应与水平直径线相连接[图1-6(c)]。

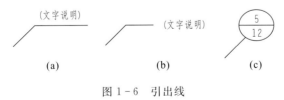

图 1-6 引出线

同时引出几个相同部分的引出线，宜互相平行[图1-7(a)]，也可画成集中于一点的放射线[图1-7(b)]。

图 1-7 共用引出线

八、连接符号

连接符号应以折断线表示需连接的部位。两部位相距过远时,折断线两端靠图样一侧应标注大写拉丁字母表示连接编号。两个被连接的图样必须用相同的字母编号(图 1-8)。

九、指北针

指北针的形状宜如图 1-9 所示,其圆的直径宜为 24mm,用细实线绘制;指针尾部的宽度宜为 3mm,指针头部应注"北"或"N"字。需用较大直径绘制指北针时,指针尾部宽度宜为直径的 1/8。

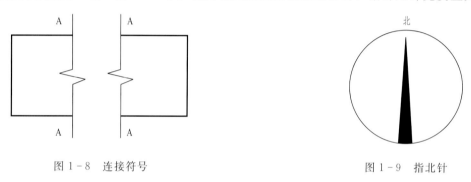

图 1-8 连接符号　　　　　　　图 1-9 指北针

十、尺寸标注

图样上的尺寸包括尺寸界线、尺寸线、尺寸起止符号和尺寸数字标注,如图 1-10 所示。

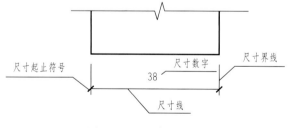

图 1-10 尺寸的组成

尺寸界线应用细实线绘制,一般应与被注长度垂直,其一端应离开图样轮廓线不小于 2mm,另一端宜超出尺寸线 2~3mm。图样轮廓线可用作尺寸界线(图 1-11)。

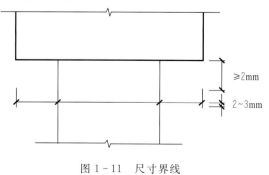

图 1-11 尺寸界线

尺寸线应用细实线绘制,应与被注长度平行。图样本身的任何图线均不得用作尺寸线。

尺寸起止符号一般用中粗斜短线绘制,其倾斜方向应与尺寸界线成顺时针45°角,长度宜为2～3mm。半径、直径、角度与弧长的尺寸起止符号,宜用箭头表示(图1-12)。

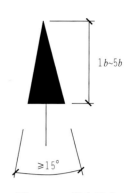

图1-12 箭头尺寸起止符号

十一、尺寸数字

图样上的尺寸应以尺寸数字为准,不得从图上直接量取。

图样上的尺寸单位,除标高及总平面以 m 为单位外,其他必须以 mm 为单位。

尺寸数字的方向,应按图1-13(a)的形式注写。若尺寸数字在30°斜线区内,宜按图1-13(b)的形式注写。

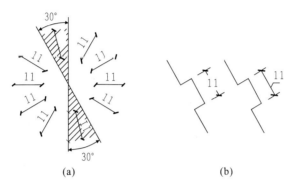

图1-13 尺寸数字的注写方向

尺寸数字一般应依据其方向注写在靠近尺寸线的上方中部。如没有足够的注写位置,最外边的尺寸数字可注写在尺寸界线的外侧,中间相邻的尺寸数字可错开注写(图1-14)。

图1-14 尺寸数字的注写位置

十二、标高

标高符号应以直角等腰三角形表示,按图1-15(a)所示形式用细实线绘制,如标注位置不够,也可按图1-15(b)所示形式绘制。标高符号的具体画法如图1-15(c)、图1-15(d)所示。

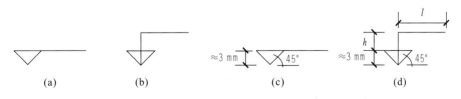

图1-15 标高符号

标高数字应以 m 为单位,注写到小数点以后第三位。在总平面图中,可注写到小数点以后第二位。零点标高应注写成±0.000,正数标高不注"+",负数标高应注"-",例如3.000、-0.600。

十三、坡比、坡度及坡面

坡比为直线上任意两点的高差与其水平距离之比。坡度常用坡比的大小（比值）来表示，如 1∶10。坡比的表示一般采用 1∶m（m≥0），顺坡向标注。

平面上坡度的表示在平面上采用最大坡度线（示坡线）表示。示坡线应垂直于等高线。

坡边线为坡面与地面的交线。坡面分为开挖坡面（开挖线）和填筑坡面（坡脚线）。坡面线用粗实线绘制。

填筑或开挖坡面的平面图和立面图中，沿填筑坡面顶部等高线或开挖线边线用示坡线表示；填筑坡面表示如图 1-16 所示，开挖坡面表示如图 1-17 所示。

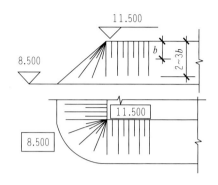

图 1-16 填筑坡面表示

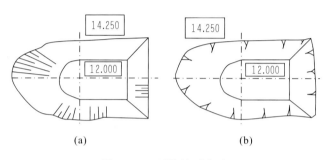

图 1-17 开挖坡面表示

第二章　锚固工程设计图纸

第一节　概　述

锚固工程是通过对预应力锚索（杆）施加张拉力，使岩体或混凝土结构物达到稳定状态或改善其内部应力状况的工程技术措施。预应力锚索（杆）由锚具、预应力钢材及附件组成，通过施加预应力，对被锚固体提供主动支护抗力的锚固结构。锚固工程普遍应用于危岩体加固、边坡加固和塌岸防护工程中。锚固工程可细分为预应力锚杆和预应力锚索。

（1）预应力锚杆。利用高强钢筋穿过拟失稳的岩土体，将锚固段置于稳定岩土层内的一种锚固方法。它通过预应力的施加，改善岩土应力状态，提高岩土抗剪强度，增强坡体的稳定性，是一种主动防护技术。可用于加固土质、岩质地层的边坡或滑坡。

（2）预应力锚索。与预应力锚杆相比，其通常受力更大，长度更长。是利用高强、低松弛的钢绞线穿过拟失稳的岩土体，将锚固段置于稳定岩土层内的一种锚固方法。多应用于已出现变形或对变形要求严格的工程部位。对于滑坡、崩塌、危岩体，通过预应力的施加，增强滑面的法向应力和增大对滑体的阻滑力，有效地增强其稳定性，或者起到增加其一体性的作用。预应力锚索锚固工程实例如图2-1至图2-3所示。

图2-1　预应力锚索格构梁工程

图2-2　预应力锚索地梁工程

图2-3　预应力锚索锚固护坡工程

第二节　锚固工程设计图纸

锚固工程设计样图以预应力锚杆（锚索）的设计图为例，图纸对应的项目名称、图号及图纸名称如表2-1所示。锚固工程设计图纸如图2-4至图2-9所示。

表2-1　锚固工程设计图纸一览表

序号	项目名称	图号	图纸名称	页码	备注
1	预应力锚杆	图2-4（M001）	边坡锚杆加固Ⅰ-Ⅰ′剖面图	15	
2	预应力锚杆	图2-5（M002）	边坡预应力锚索加固Ⅱ-Ⅱ′剖面图	16	
3	预应力锚索	图2-6（M003）	500kN级预应力高强锚杆大样图	17	
4	预应力锚索	图2-7（M004）	600kN级预应力锚索大样图	18	
5	预应力锚索	图2-8（M005）	800kN级预应力锚索大样图	19	
6	预应力锚索	图2-9（M006）	1 000kN级预应力锚索大样图	20	

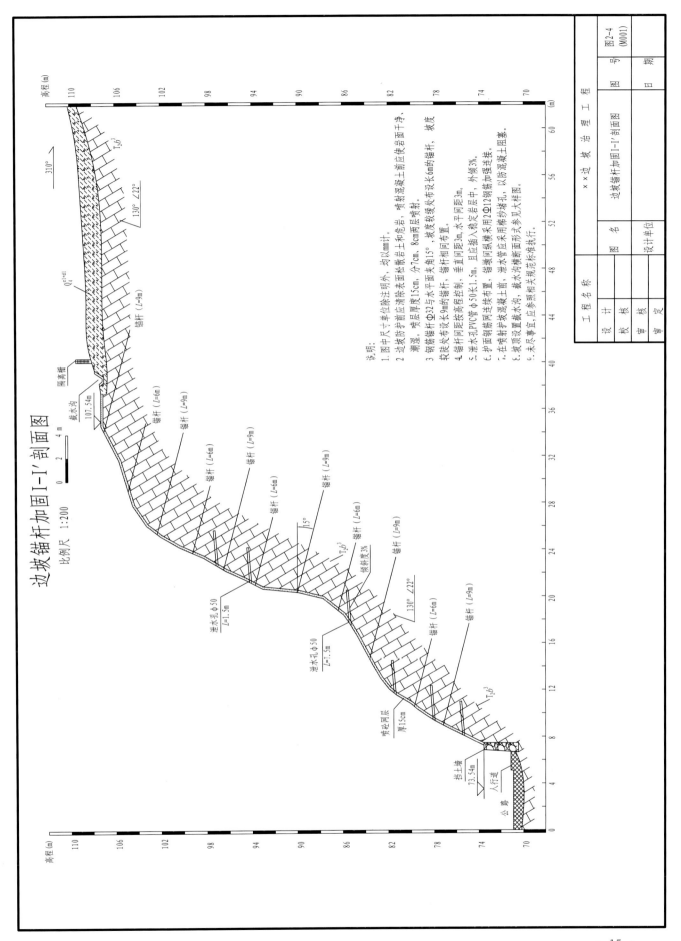

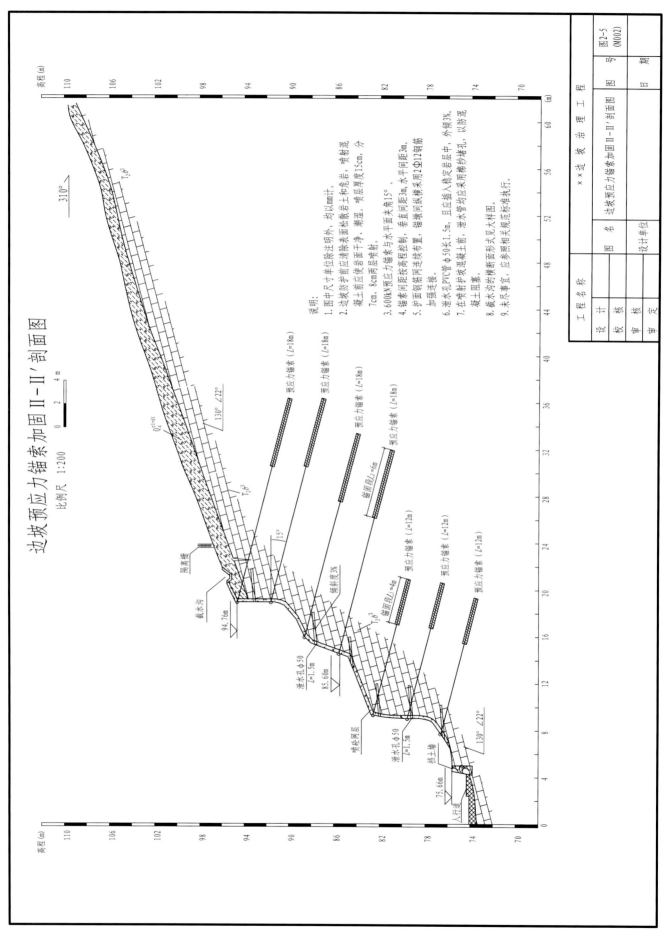

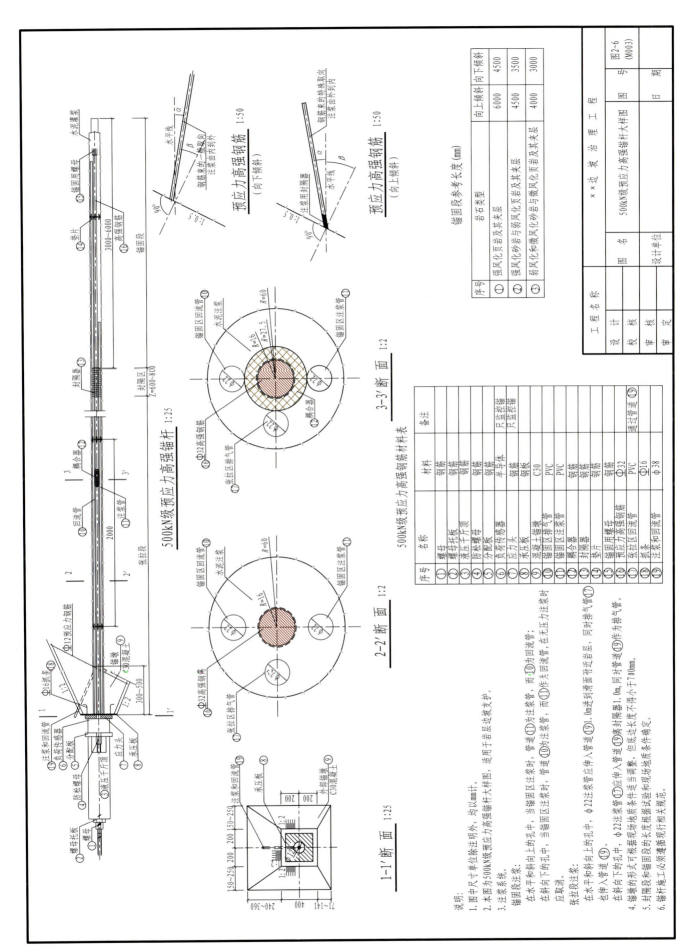

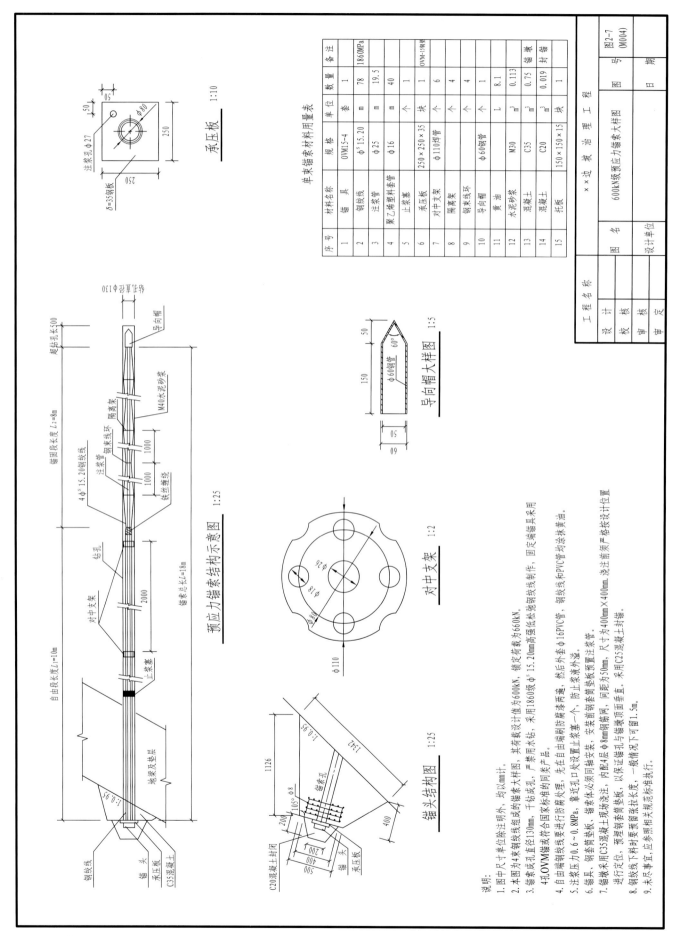

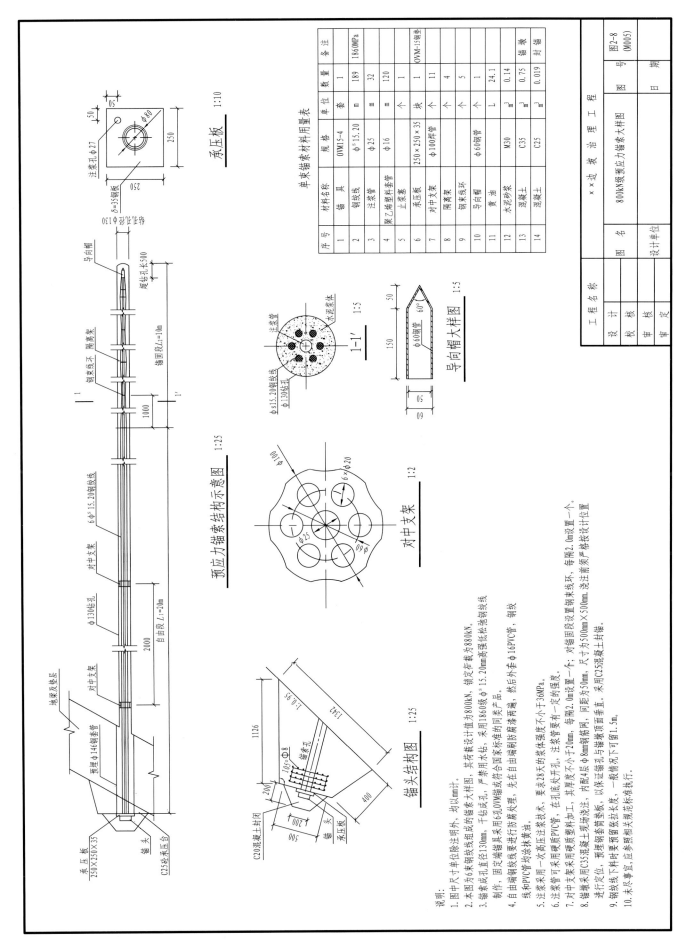

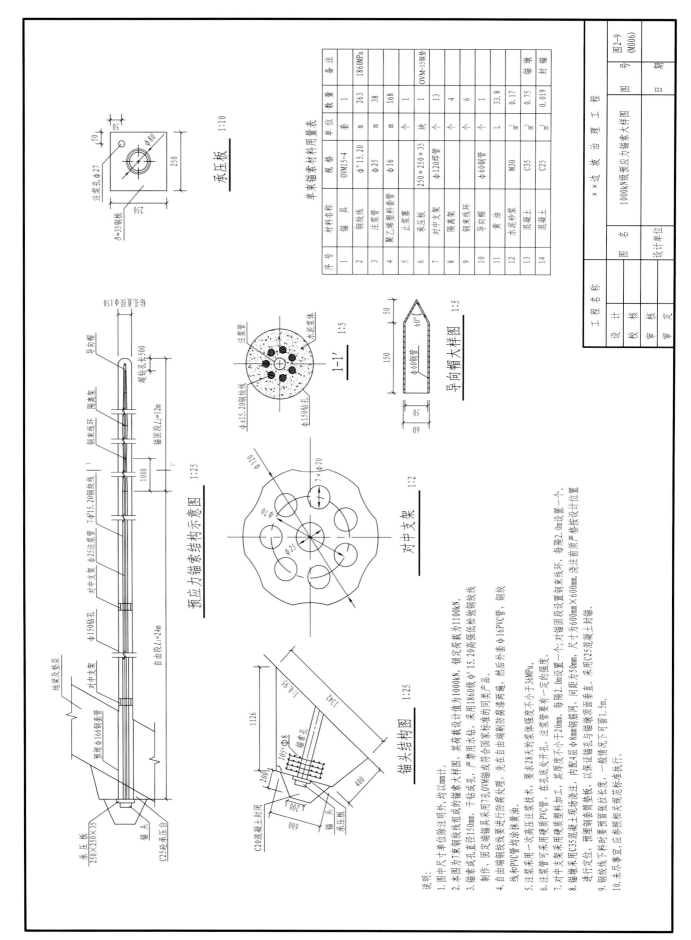

第三章 支(拦)挡工程设计图纸

第一节 概 述

支（拦）挡工程可分为悬臂式抗滑桩、预应力锚拉抗滑桩、锚杆式挡墙、加筋土挡土墙、重力式挡土墙、防崩（落）石槽（台）、拦石网与拦石桩（柱）及支撑墩（柱）、拦挡坝（墙、堤）九大类。

1. 悬臂式抗滑桩

悬臂式抗滑桩是穿过滑坡体深入于滑床的柱形构件，通过桩身将上部承受的坡体推力传给桩下部的侧向土体或岩体，依靠桩下部的侧向阻力来承担边坡的下推力而使边坡保持平衡或稳定，适用于浅层和中厚层的滑坡。抗滑桩是滑坡治理工程及塌岸防护工程中经常采用的一种工程措施，桩截面形状一般为矩形（图3-1）。

图3-1 悬臂式抗滑桩

2. 预应力锚拉抗滑桩

当滑坡滑体厚度大，剩余推力大，设计弯矩大，抗滑桩悬臂段外露时，常采用预应力锚拉抗滑桩治理滑坡。预应力锚索设置在桩头，一般布置一排或两排，少数布置3排（图3-2）。

3. 锚杆式挡墙

锚杆式挡墙由肋柱、面板、锚杆组成，靠锚杆（索）拉力维持稳定的挡土结构，用水泥砂浆把钢筋杆或多股钢丝索等锚固在岩土中作为抗拉构件以保持墙身稳定，形成支挡岩土体的挡墙。锚杆式挡墙一般多适用于岩质滑坡及塌岸工程的治理（图3-3）。

4. 加筋土挡土墙

加筋土挡土墙是由墙面系、拉筋和填土共同组成的挡土结构。利用土内拉筋与土之间的相互作用，限制墙背填土侧胀，或以土工织物层层包裹土体以保持其稳定的由土和筋材建成的挡土墙。加筋土挡墙可用于物理力学性质较差、软弱土层（图3-4、图3-5）。

5. 重力式挡土墙

重力式挡土墙是依靠墙体本身重量抵抗土压力的挡土墙。一般采用毛石、水泥砂浆砌筑，是一种就

图 3-2 预应力锚拉抗滑桩

图 3-3 锚杆式挡墙

(a) 加筋土挡墙
（土工格栅,无面板,高35m）

(b) 加筋土挡墙
（CAT筋带,有面板,高57m）

图 3-4 加筋土挡土墙

地取材、经济快捷的最常用的支挡方法，常用于治理推力不大的小滑坡、边坡塌滑（图 3-6）。

6．防崩（落）石槽（台）

防崩（落）石槽（台）是在危岩落石地段拦截落石的槽形设施。当落石地点和保护对象之间有富余

图 3-5 加筋格宾挡土墙

图 3-6 浆砌石挡土墙

的缓坡地带并有覆盖层时，开挖大致平行于保护对象的沟槽，使坠落的石块停积在落石槽中。

7. 拦石网与拦石桩（柱）

拦石网与拦石桩（柱）是采用锚杆、钢柱、支撑绳和拉锚绳等固定方式，将金属柔性网以一定的角度安装在坡面上，形成栅栏形式的拦挡结构，从而实现对落石拦截的一种防护网。常用于陡崖或山坡下部坡度大于 35°且缺乏一定宽度的平台而不具备建造拦石墙的位置。拦石网包括被动柔性防护网和主动柔性防护网两类。

（1）被动柔性防护网。主要针对落石滚落弹跳的拦截，在陡坡上应考虑网下卷边兜底，防止拦截的石块漏出造成危害，有的尚需考虑网后拦石的清理方法。应充分考虑大石块对立柱的砸击作用，必要时设置立柱保护墩（图 3-7）。

（2）主动柔性防护网。主要针对产生浅表层松动落石的危岩斜坡进行包裹，防止石块坠落。对固定网的锚杆应分类单独设计，提出设计锚固力。陡坡上还应考虑网下卷边兜底，防止石块漏出造成危害（图 3-8）。

8. 支撑墩（柱）

支撑墩（柱）主要用于危岩体的治理，防止危石、危岩体塌落，提高其稳定性。在危石、危岩体下方凹腔处设置支撑墩（柱），以支撑上覆危岩体重量，提高危岩抗坠落、抗倾倒破坏的稳定系数。支撑墩（柱）承载力较大，而与地基接触面较小，对地基承载力要求较高（图 3-9）。

图 3-7 被动柔性防护网

图 3-8 主动柔性防护网

 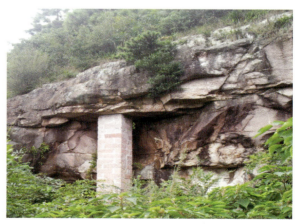

(a)支撑墩　　　　　　　　　　　　(b)支撑柱

图 3-9 支撑墩（柱）

9．拦挡坝（墙、堤）

拦挡坝（墙、堤）是在危岩塌落、泥石流途径地段，为拦截落石、泥石流的固体物质而设置的实体坝（墙、堤），具有拦截石、砂，利用回淤效应稳定斜坡和沟谷，降低坡降，减弱滚石、泥石流流速，调节落石、泥石流方向等功能（图3-10）。

(a)钢筋混凝土拦挡坝

(b)格宾石笼拦挡坝

图3-10 拦挡坝

第二节 支(拦)挡工程设计图纸

支(拦)挡工程设计样图以滑坡治理工程、边坡治理工程、危岩体治理工程的设计图为例，图纸对应的项目名称、图号及图纸名称如表3-1所示。

表3-1 支（拦）挡工程设计图纸一览表

序号	项目名称	图号	图纸名称	页码	备注
1	滑坡治理工程	图3-11（Z001-1）	治理工程1-1'纵剖面布置图	27	
2	滑坡治理工程	图3-12（Z001-2）	抗滑桩工程2-2'横剖面布置图	28	
3	滑坡治理工程	图3-13（Z001-3）	1.5m×2.0m抗滑桩结构设计图	29	
4	滑坡治理工程	图3-14（Z002）	1.5m×2.0m抗滑桩结构设计图	30	
5	滑坡治理工程	图3-15（Z003）	2.0m×3.0m抗滑桩结构设计图	31	
6	滑坡治理工程	图3-16（Z004）	3.0m×5.0m抗滑桩结构设计图	32	
7	滑坡治理工程	图3-17（Z005）	变截面抗滑桩结构设计图之一	33	
8	滑坡治理工程	图3-18（Z006）	变截面抗滑桩结构设计图之二	34	
9	滑坡治理工程	图3-19（Z007）	抗滑桩护壁锁口梁结构设计图	35	
10	滑坡治理工程	图3-20（Z008-1）	治理工程3-3'纵剖面布置图	36	

续表 3-1

序号	项目名称	图号	图纸名称	页码	备注
11	滑坡治理工程	图 3-21 (Z008-2)	锚拉抗滑桩工程 4-4′横剖面布置图	37	
12	滑坡治理工程	图 3-22 (Z009)	锚索抗滑桩结构大样图	38	
13	边坡治理工程	图 3-23 (Z010)	锚杆式挡墙工程平面布置图	39	
14	边坡治理工程	图 3-24 (Z011)	锚杆式挡墙大样图	40	
15	边坡治理工程	图 3-25 (Z012)	加筋挡土墙横断面图	41	
16	边坡治理工程	图 3-26 (Z013)	加筋土挡墙立面图	42	
17	边坡治理工程	图 3-27 (Z014)	加筋挡墙面板配筋图	43	
18	边坡治理工程	图 3-28 (Z015)	浆砌石挡土墙工程布置图	44	
19	边坡治理工程	图 3-29 (Z016)	浆砌石挡土墙结构大样图	45	
20	边坡治理工程	图 3-30 (Z017)	扶壁式挡土墙结构大样图	46	
21	边坡治理工程	图 3-31 (Z018)	悬臂式挡土墙结构大样图	47	
22	危岩体治理工程	图 3-32 (Z019)	拦石网结构设计图	48	
23	危岩体治理工程	图 3-33 (Z020)	支撑柱结构设计图	49	

支（拦）挡工程设计图纸如图 3-11 至图 3-33 所示。

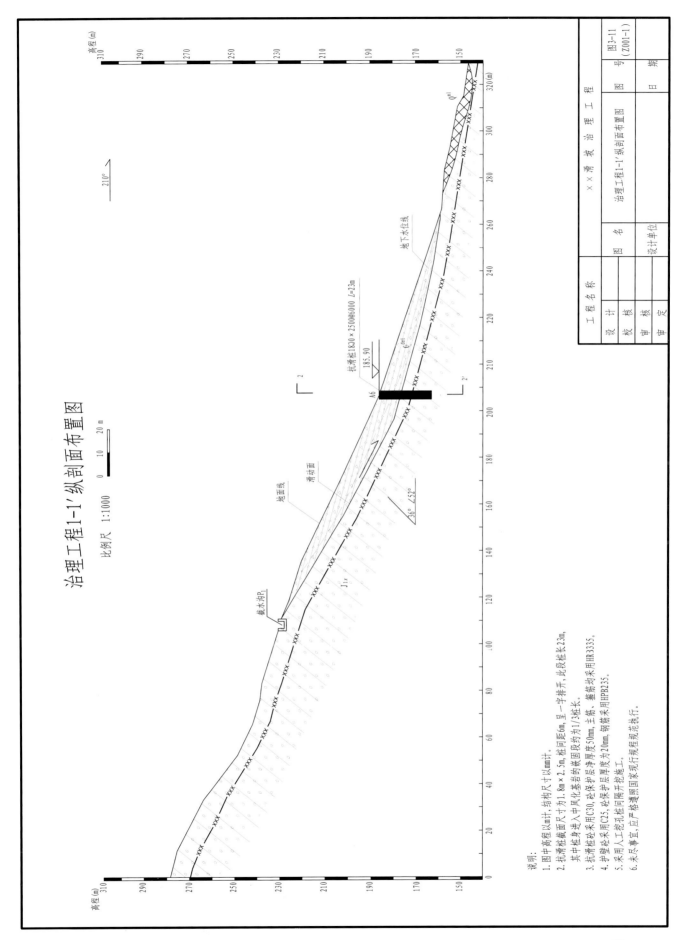

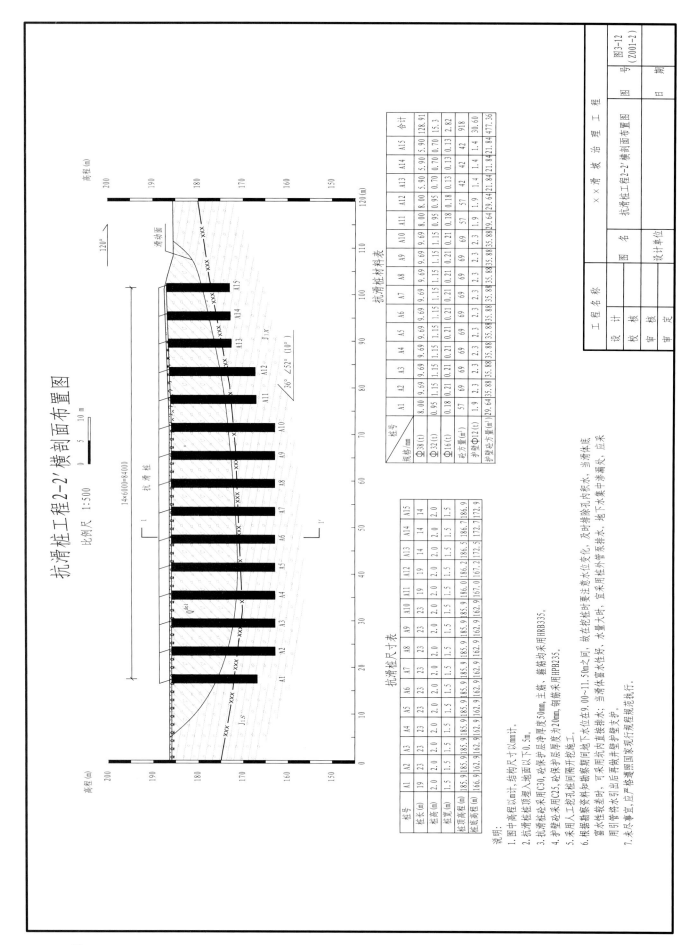

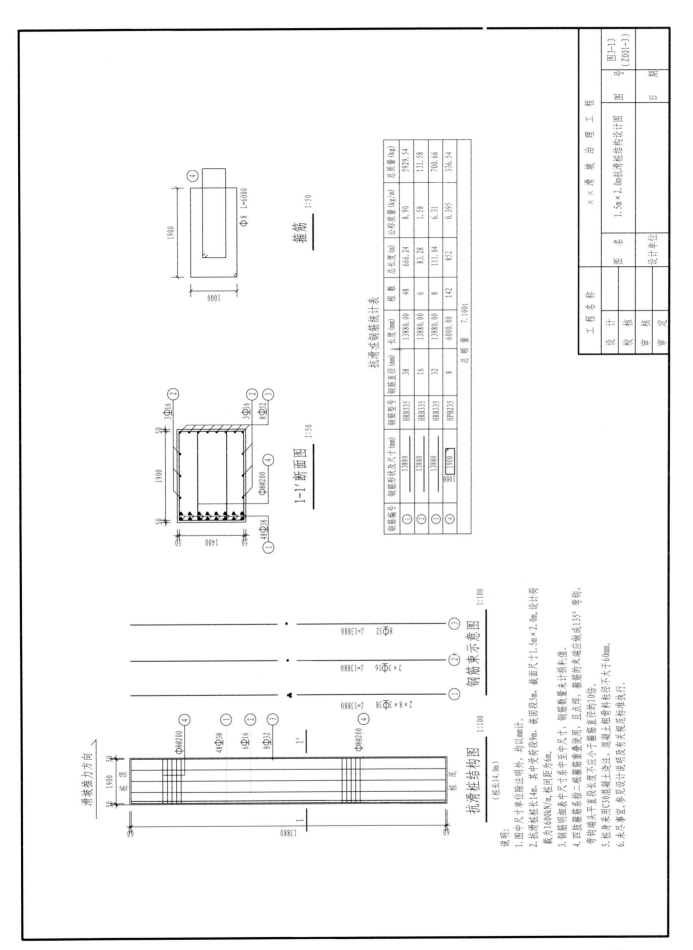

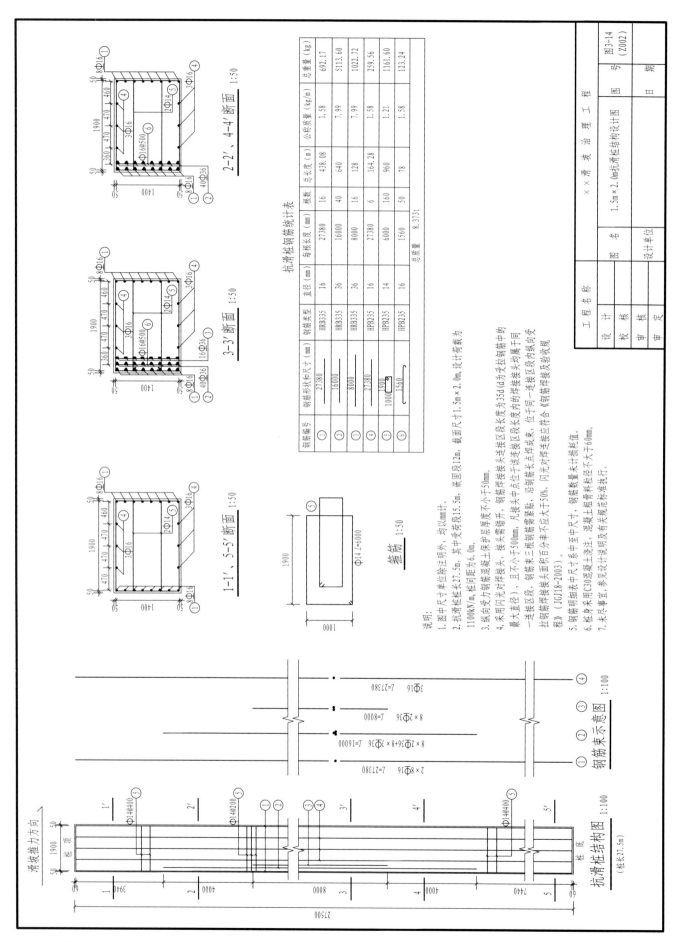

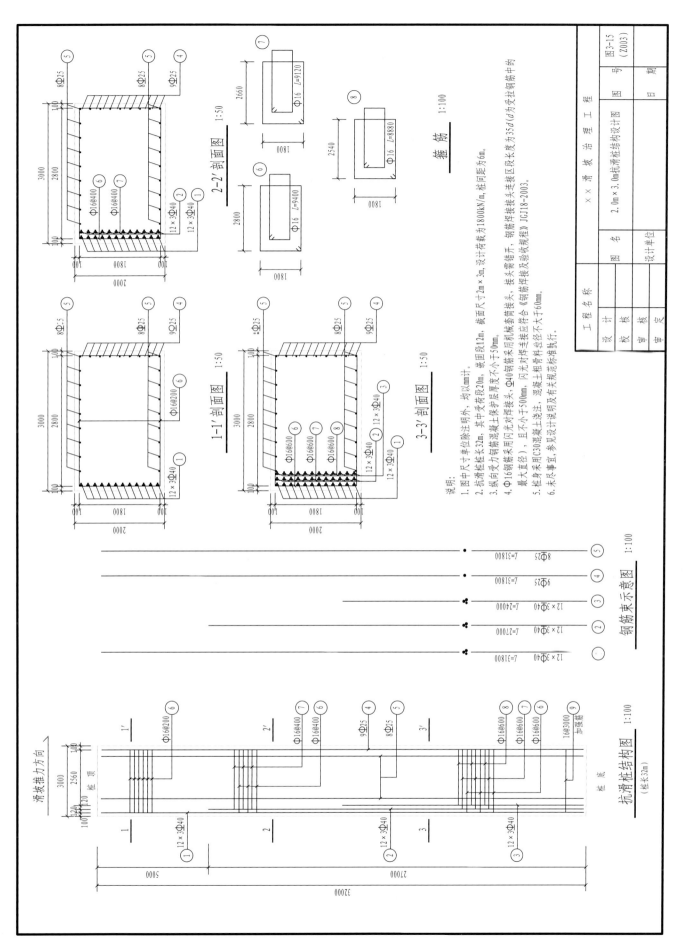

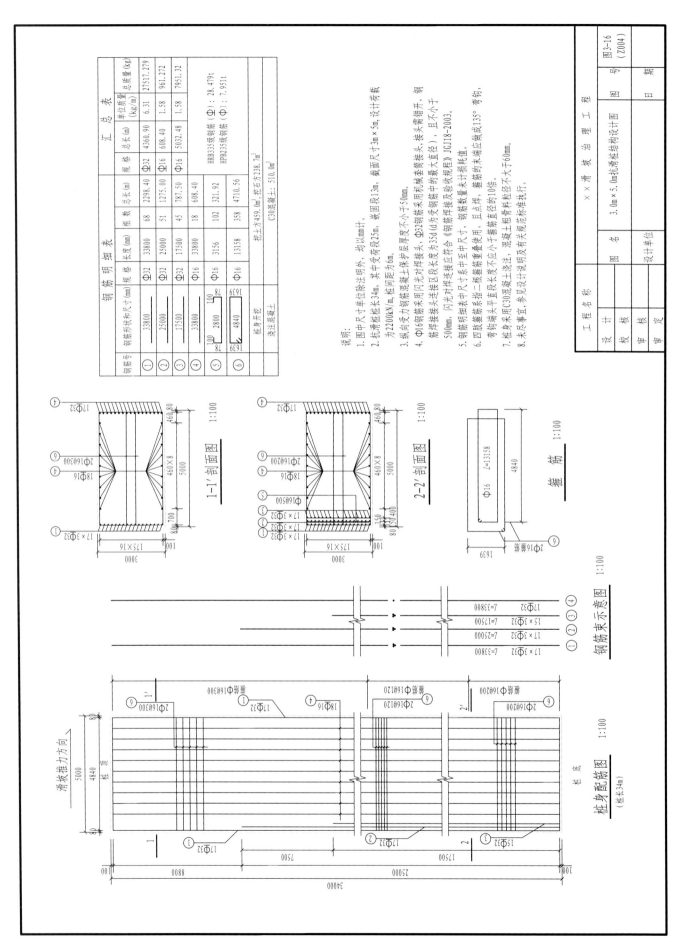

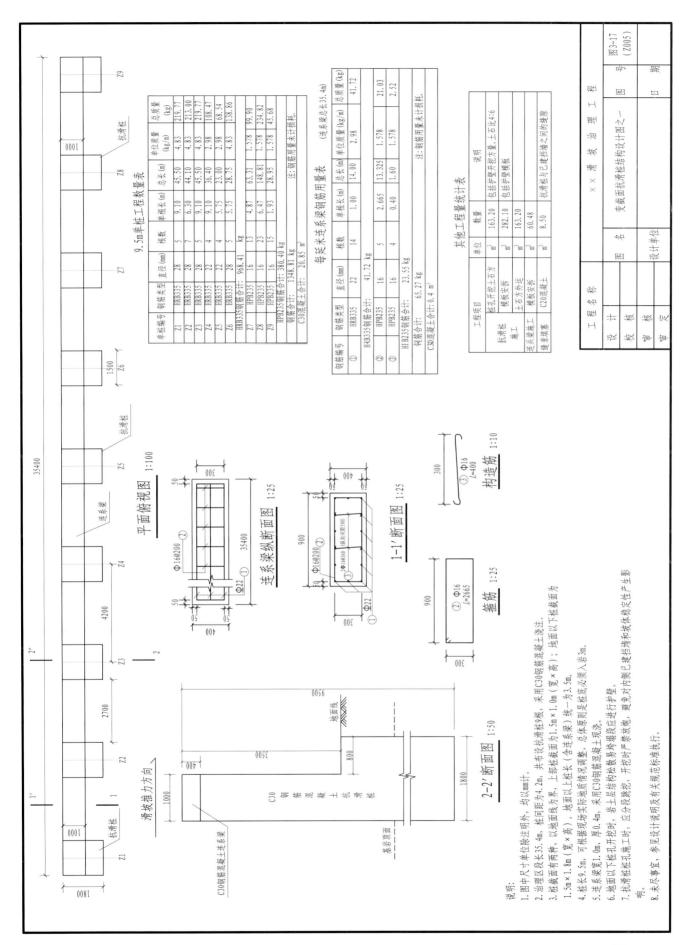

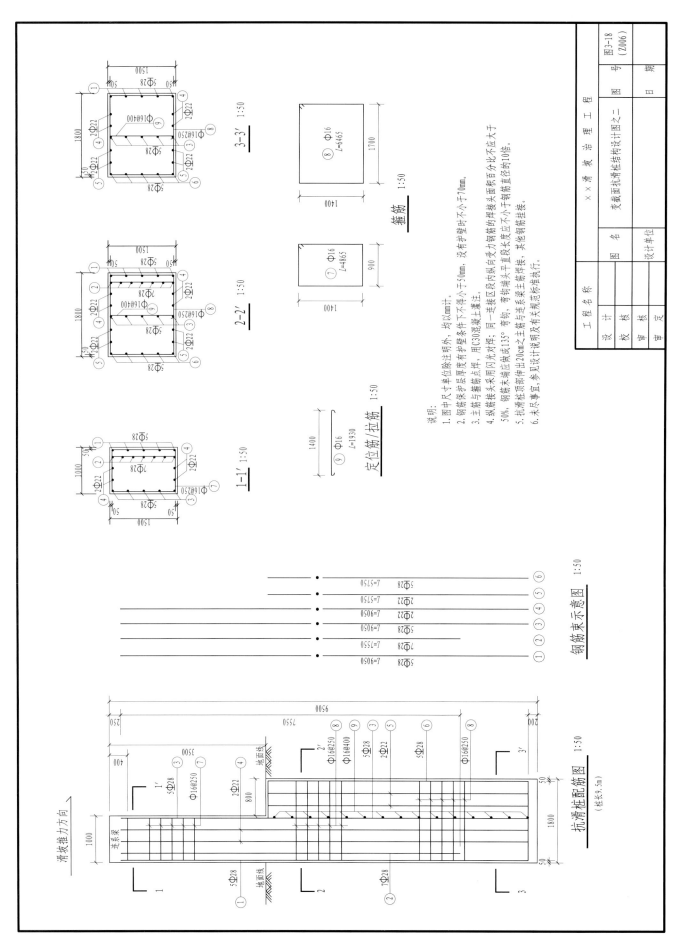

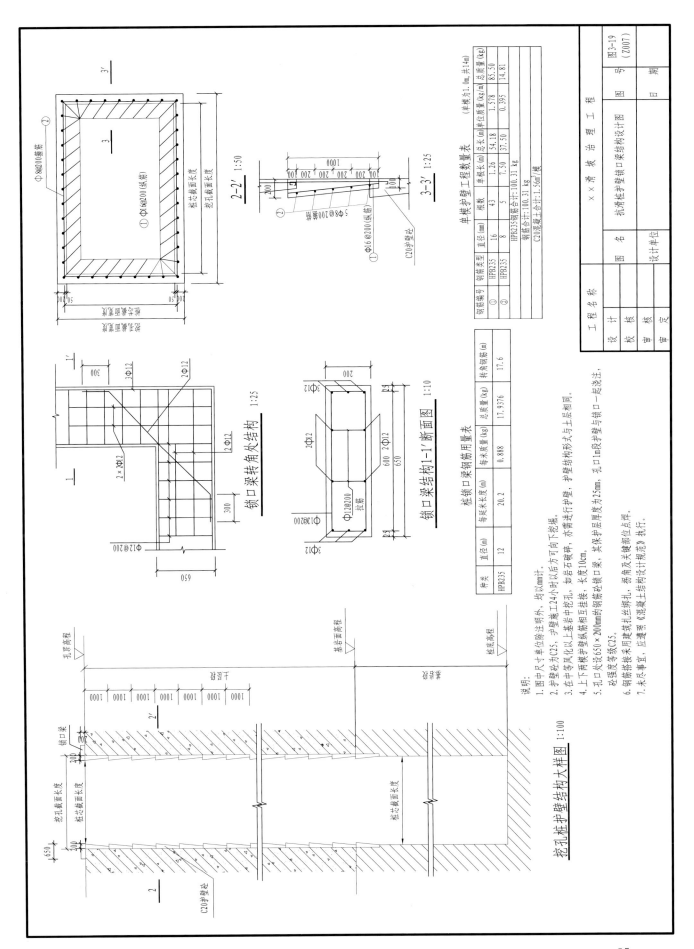

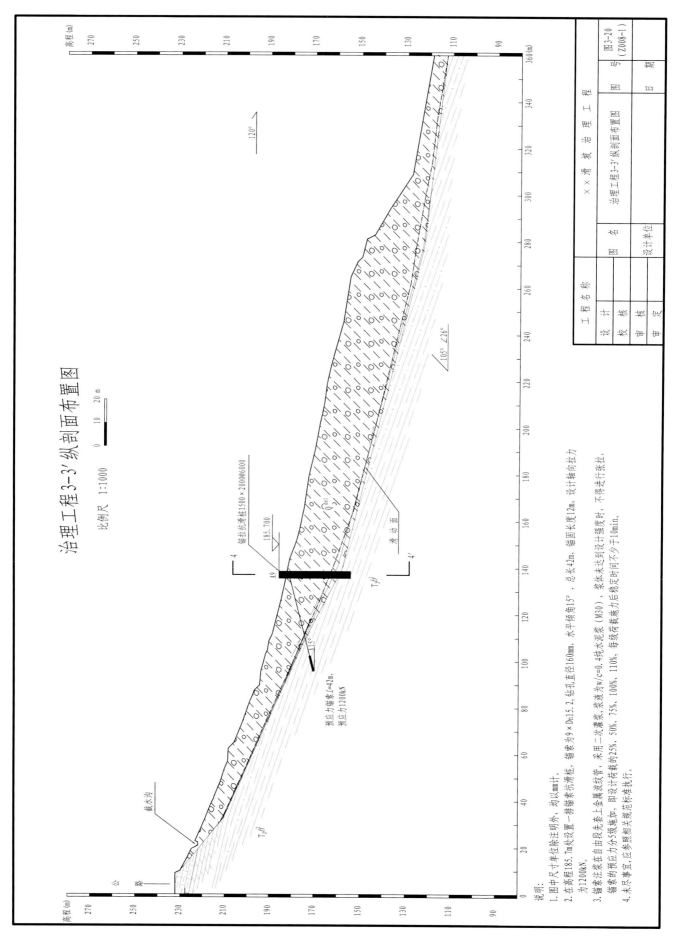

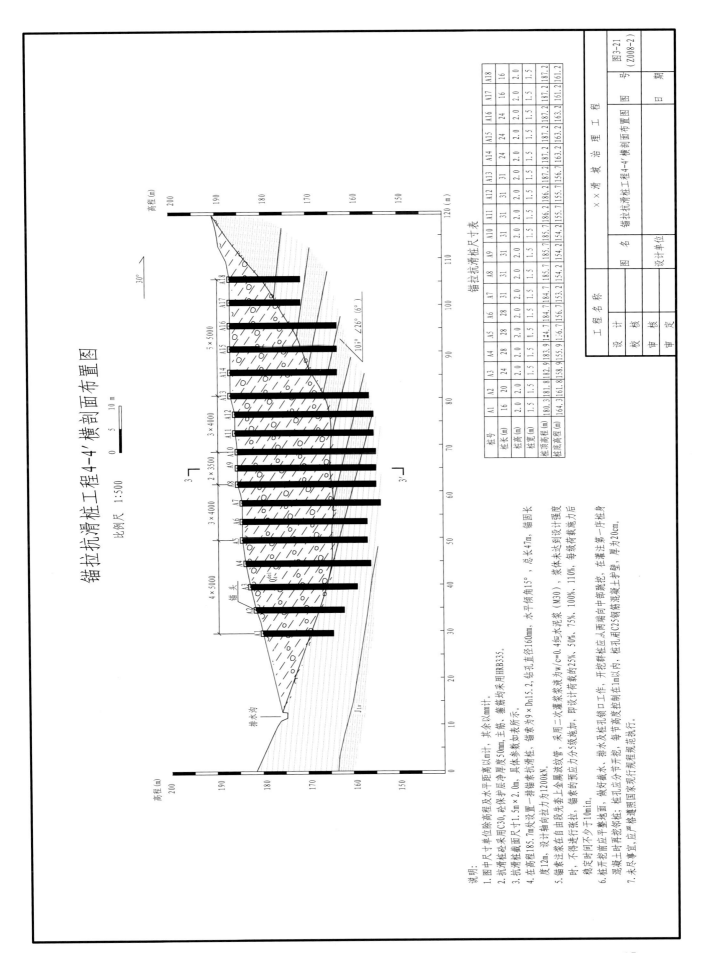

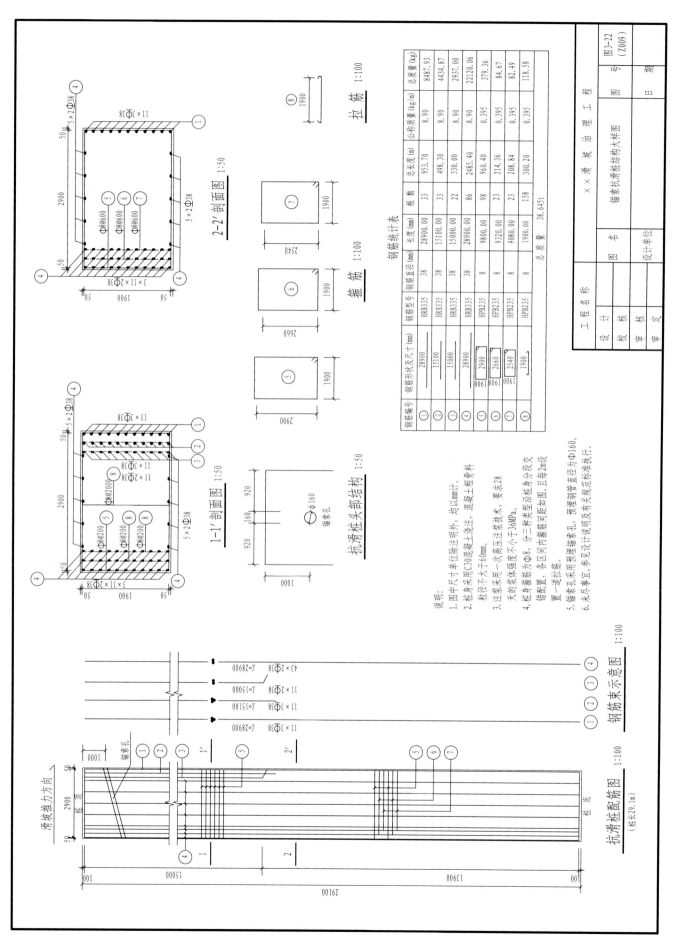

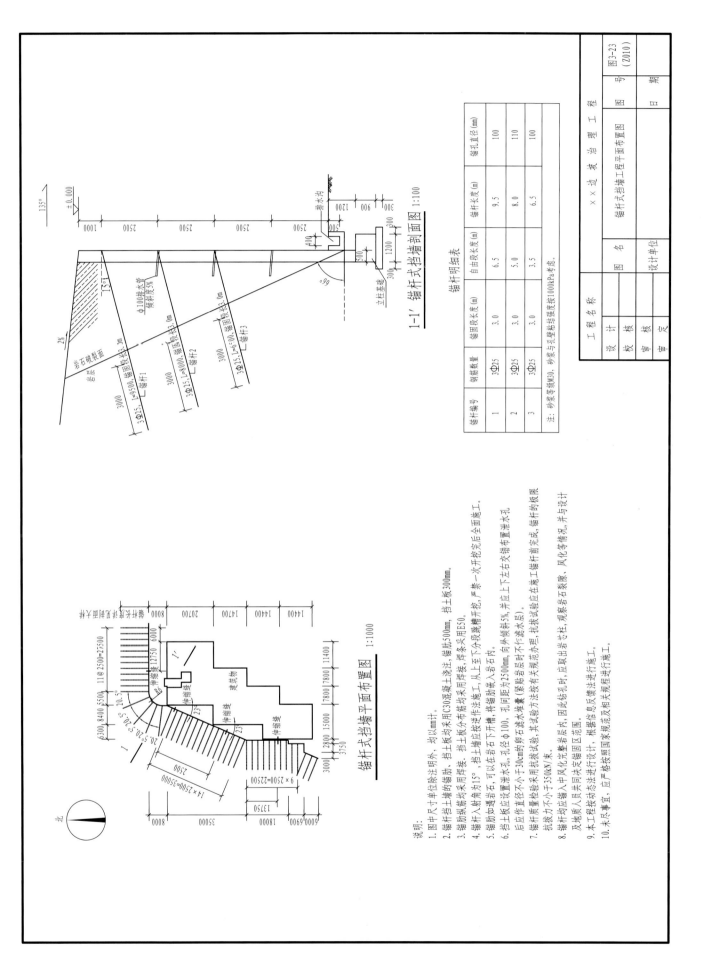

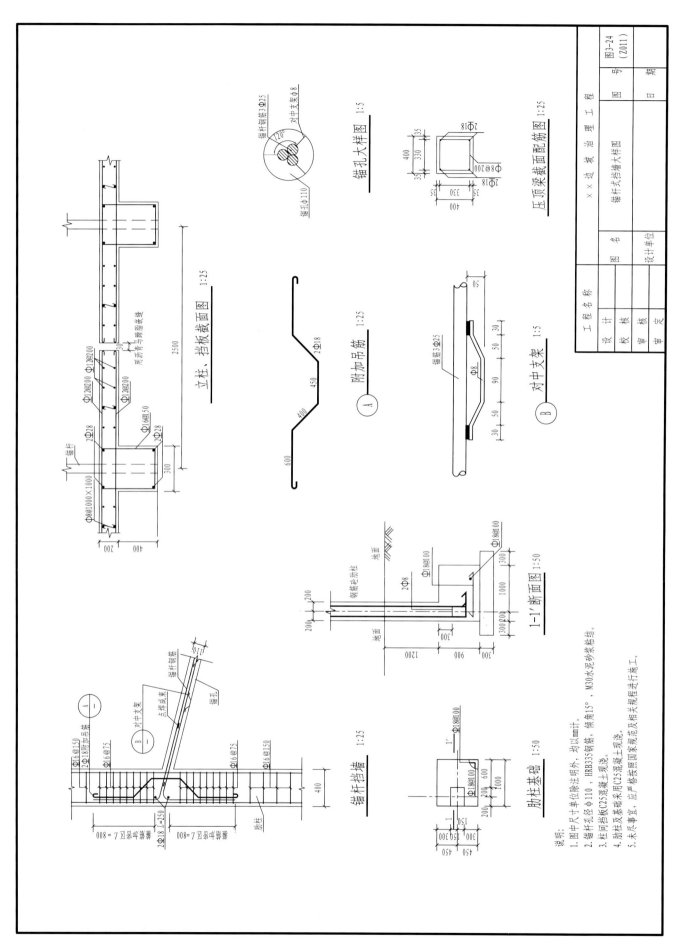

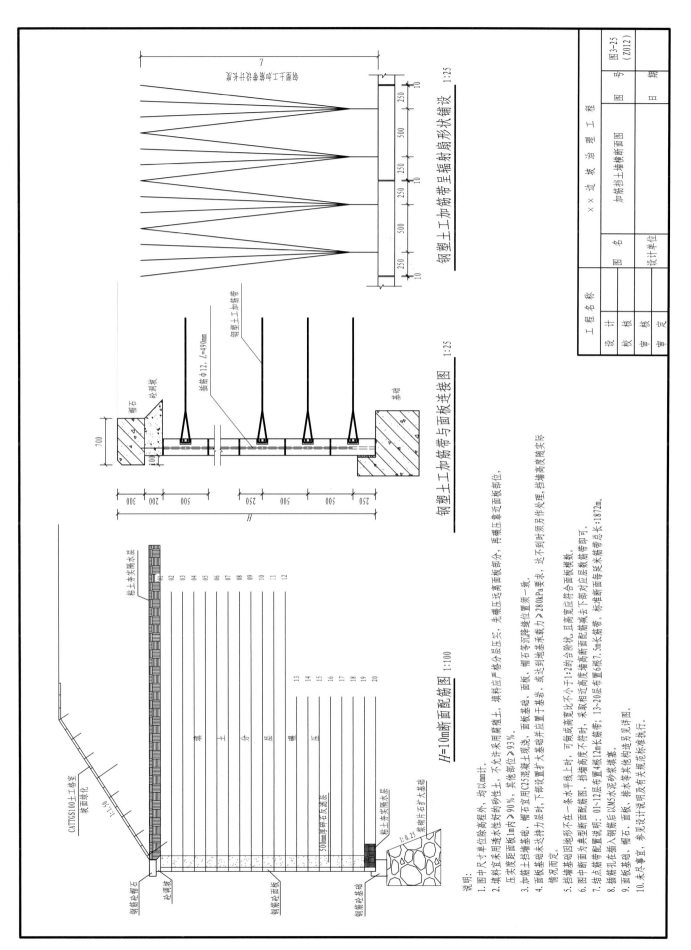

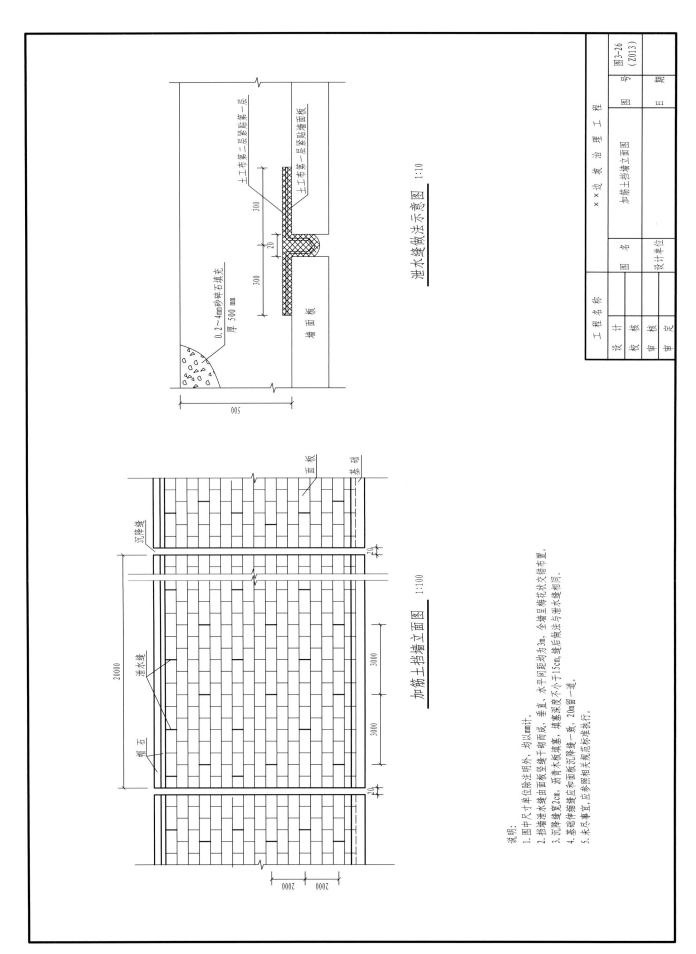

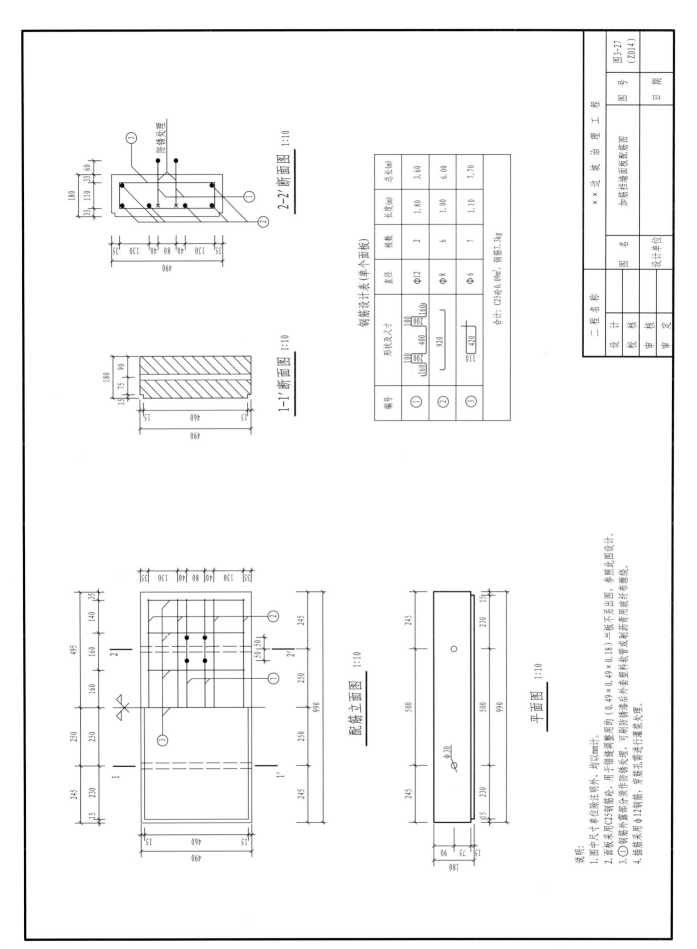

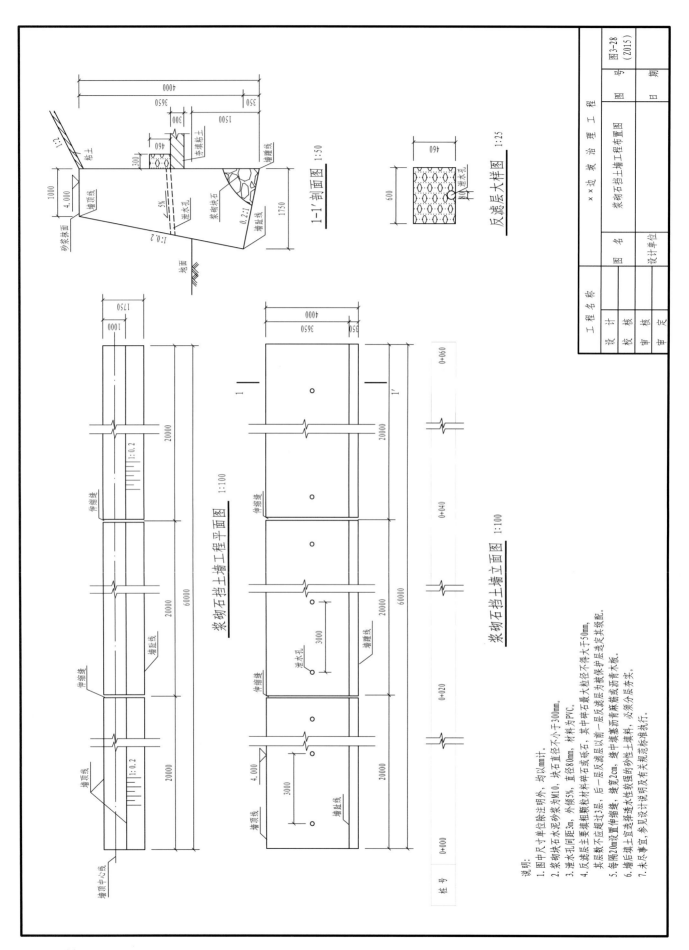

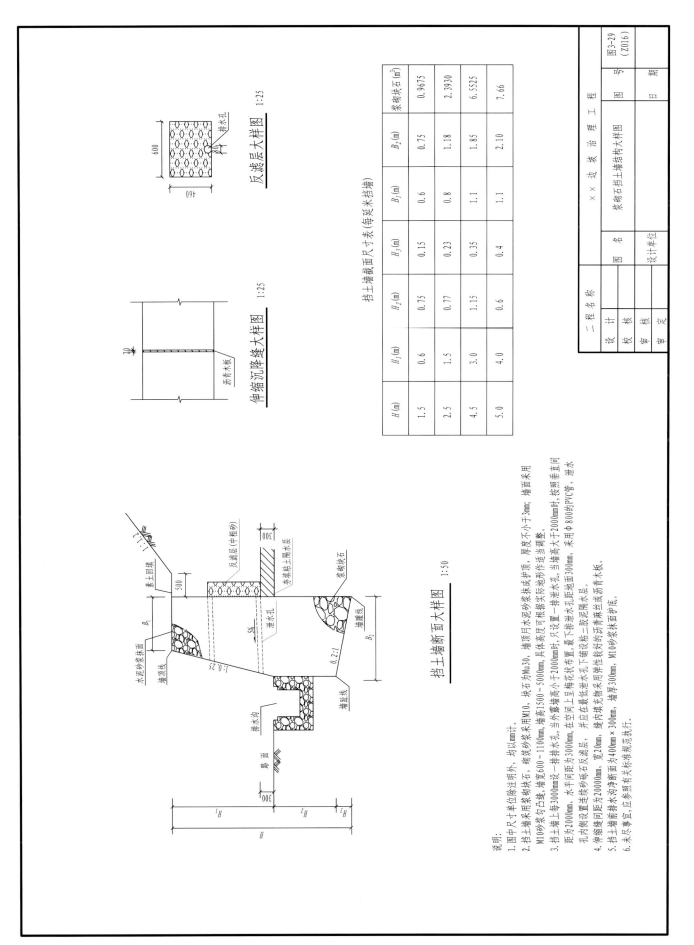

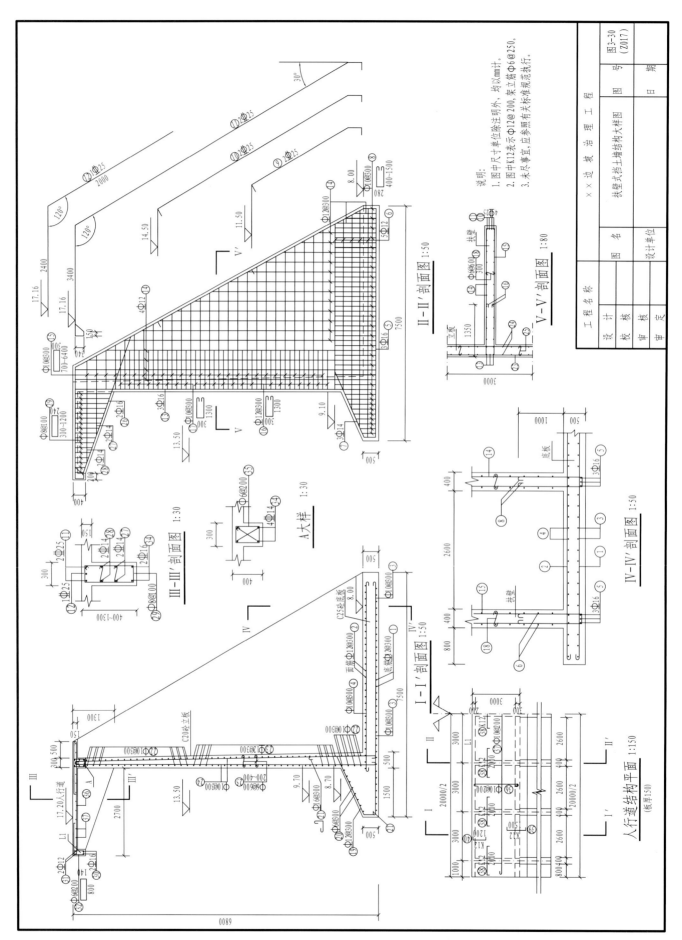

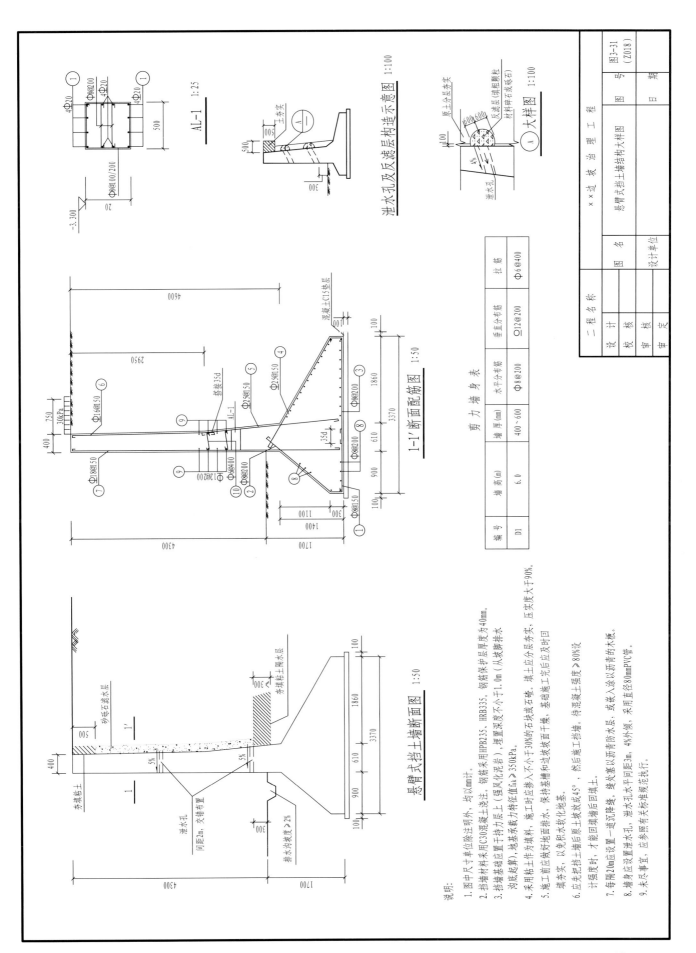

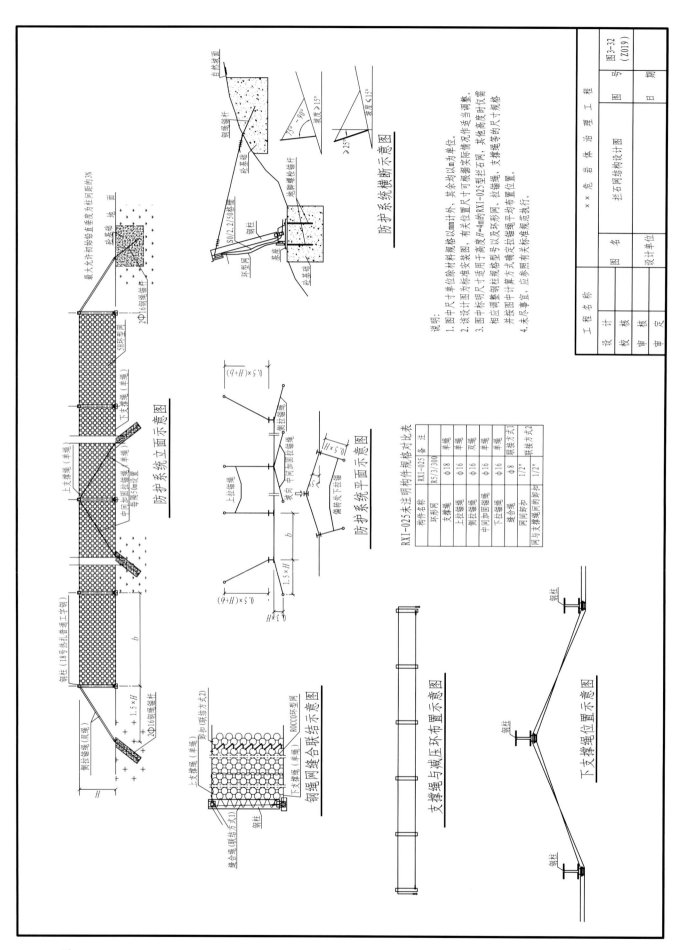

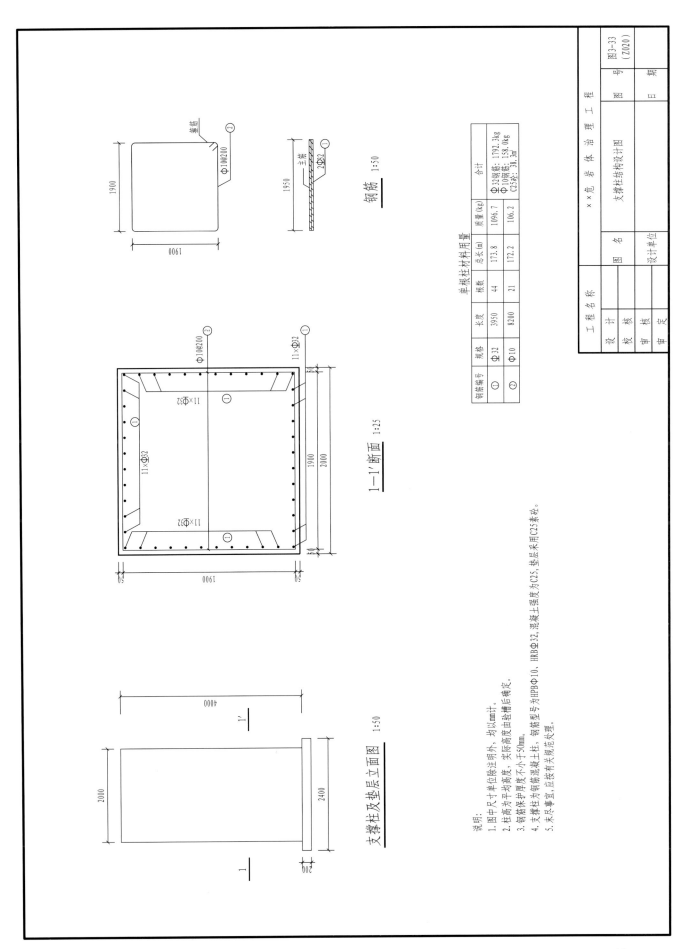

第四章 削方减载与压脚工程设计图纸

第一节 概　述

1. 削方减载

削方减载是通过清除滑坡、不稳定斜坡推力区的岩土体达到减少下滑推力，使滑坡或不稳定斜坡满足规定的安全系数的一种间接治理地质灾害体的工程方法。一般来说，减载在滑体后缘推力区削方，削除岩土体一部分或大部分，把被削除的岩土体放置在滑坡的阻滑区或滑体外围（图4-1）。它适用于以下3种情况：①格构工程施工；②规模不大滑坡的局部治理工程；③体积大、厚度大且采用支挡工程难度大的滑坡治理工程。对于一般牵引式滑坡或滑带具有卸载膨胀性质的滑坡，以及滑动块体较为破碎或分割成多个块体，不宜采用削方减载措施。

图4-1　危岩体削方减载工程
（该工程治理设计图参见本章第二节图4-3危岩体爆破削方1-1′剖面图）

2. 土石压脚

土石压脚采用土石等材料堆填滑坡体前缘，通过提高滑坡前缘阻滑力，设置反滤层和进行防冲刷护坡实现提高滑坡稳定性或防护塌岸的功能。它适用于滑坡前缘有阻滑段的滑坡治理或塌岸防护，常用于滑坡应急治理（图4-2）。

图4-2　滑坡土石压脚工程
（摘自：中国数字科技馆：http://amuseum.cdstm.cn/moundisaster/page/knowledgec.jsp? pid= 3300202）

第二节　削方减载与压脚工程设计图纸

削方减载与压脚工程设计样图以危岩体治理工程、滑坡治理工程的设计图为例，图纸对应的项目名称、图号及图纸名称如表 4-1 所示。

表 4-1 削方减载与压脚工程设计图纸一览表

序号	项目名称	图号	图纸名称	页码	备注
1	危岩体治理工程	图 4-3（X001）	危岩体爆破削方Ⅰ-Ⅰ′剖面图	52	
2	滑坡治理工程	图 4-4（X002）	土石压脚Ⅱ-Ⅱ′剖面图	53	

削方减载与压脚工程设计图纸如图 4-3、图 4-4 所示。

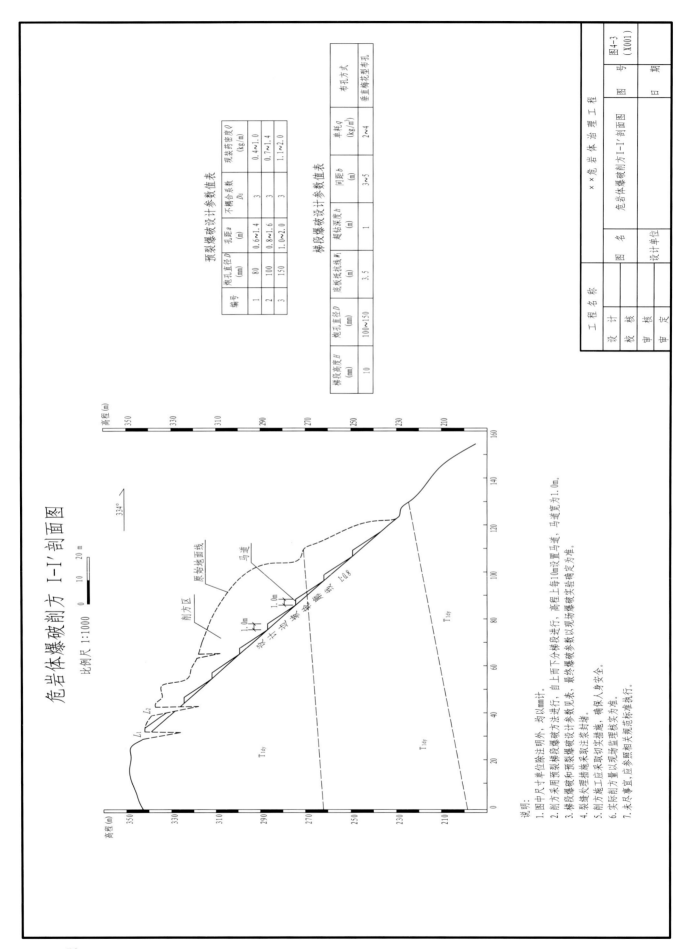

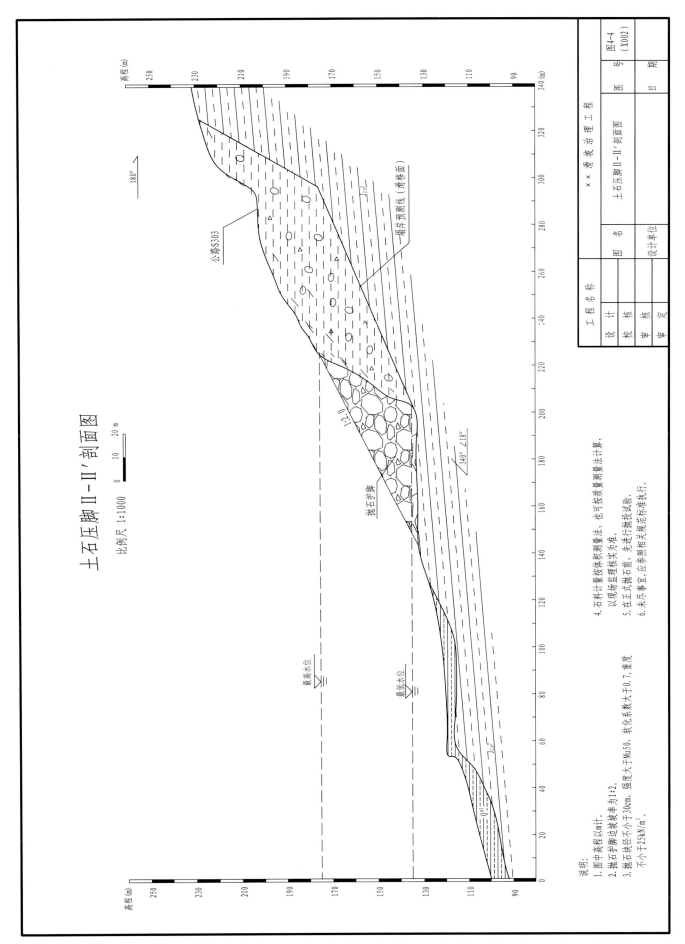

第五章 护坡工程设计图纸

第一节 概 述

护坡工程可分为锚喷支护、格构护坡、砌石护坡、石笼护坡、抛石护坡、护面墙及植被护坡等几类。

1. 锚喷支护

锚喷支护是应用锚杆与喷射混凝土形成复合体以加固岩土体的一种工艺。即依靠岩土体、锚杆、钢筋网和混凝土面层共同工作来提高边坡岩土的结构强度和抗变形刚度,减少岩土体侧向变形,形成增强边坡整体稳定性的一种支护体系。采用锚杆或锚固钉将菱形、矩形金属网或高强度聚合物土工格栅固定在边坡上,网(格栅)上下喷混凝土,由此对边坡进行防护。它主要适用于岩性较差、强度较低、易于风化的岩石边坡;或虽为坚硬岩层,但风化严重,节理发育,易受自然应力影响导致大面积碎落以及局部小型崩塌落石的岩质边坡;或边坡岩石破碎松散,极易发生落石崩塌的边坡防护;也适用于滑裂面发育较浅的土质边坡,或需要临时支挡和局部加固的边坡(图5-1)。

(a) 喷射混凝土　　　　　　　　　　　　(b) 锚杆+喷射混凝土护坡

图5-1 锚喷支护

2. 格构护坡

格构护坡按材料分为干砌石格构、浆砌石格构、素混凝土格构、钢筋混凝土格构、锚杆(索)钢筋混凝土格构。按格构形状可分为方形、菱形、"人"字形和弧形四种型式。

(1) 干砌石护坡。适用于坡度缓于1∶1.25的土(石)质边坡。干砌石护坡厚度不宜小于250mm(图5-2)。

(2) 浆砌石格构。适用于坡面平整、坡度一般小于35°的边坡防护。浆砌石的厚度不宜小于250mm,砂浆强度不应低于M5,护坡应设置伸缩缝和泄水孔,在基底地质有变化处应设沉降缝,可将伸缩缝与沉降缝合并设置(图5-3)。

(3) 钢筋混凝土格构。适用于坡度不大于1∶1的边坡防护。当边坡高于30m时,应设置马道(图5-4)。

(4) 锚杆(索)钢筋混凝土格构。适用于坡度陡、高度大的边坡防护。为保证格构护坡的稳定性,根据岩土体结构和强度在格构节点设置锚杆。对整体稳定性差或下滑力较大的滑坡,应采用预应力锚索格构[图5-4 (d)]。

图5-2 干砌石护坡

图5-3 浆砌石护坡

(a)钢筋混凝土拱形格构植草护坡

(b)钢筋混凝土菱形格构植草护坡

(c)钢筋混凝土矩形格构干砌石护坡

(d)锚索钢筋混凝土矩形格构浆砌石护坡

图5-4 钢筋混凝土格构

3. 混凝土预制块护坡

混凝土预制块护坡适用于石料缺乏地区的边坡、塌岸防护。预制块的混凝土强度不应低于C15，在严寒地区不应低于C20。混凝土预制块可分为方形、菱形、多边形等型式，厚度不小于6cm，根据需要设置泄水孔和反滤垫层（图5-5）。

图5-5 混凝土预制块护坡

4. 石笼护坡

石笼护坡适用于水上或水下受水流冲刷和风浪侵袭的挡土墙、护坡工程，对基础不易处理、局部冲刷深度过大的沿河岸坡尤为适用（图5-6）。

图5-6 格宾石笼护坡

5. 护面墙

为免受大气影响而修建的贴坡式防护墙，适用于各种软质岩层和较破碎岩石的挖方边坡以及坡面易受侵蚀的土质边坡（图5-7、图5-8）。

6. 抛石护坡

抛石护坡适用于经常浸水且水深较大的塌岸边坡或挡土墙的基础防护，一般多用于抢修工程。

7. 植被护坡

植被护坡是通过种植草、灌木、树，或铺设工厂生产的绿化植生带等对边坡进行防护的植被措施，一般适用于需要快速绿化且坡率缓于1：1的土质边坡和严重风化的软质岩石边坡（图5-9）。

图 5-7 实体式护面墙

图 5-8 窗孔式护面墙

图 5-9 植被护坡

第二节 护坡工程设计图纸

护坡工程设计样图对应的项目名称、图号及图纸名称如表 5-1 所示。

表 5-1 护坡工程设计图纸一览表

序号	项目名称	图号	图纸名称	页码	备注
1	边坡治理工程	图 5-10 (H001-1)	锚喷护坡 1-1′剖面图	59	
2	边坡治理工程	图 5-11 (H001-2)	锚喷护坡立面图	60	
3	边坡治理工程	图 5-12 (H001-3)	边坡锚喷支护大样图	61	
4	边坡治理工程	图 5-13 (H002-1)	正方形水泥砼空心块格构护坡设计图	62	
5	边坡治理工程	图 5-14 (H002-2)	六边形水泥砼空心块格构护坡设计图	63	
6	边坡治理工程	图 5-15 (H002-3)	方格形格构护坡设计图	64	
7	边坡治理工程	图 5-16 (H002-4)	菱形格构护坡设计图	65	
8	边坡治理工程	图 5-17 (H002-5)	拱形格构护坡设计图	66	
9	边坡治理工程	图 5-18 (H002-6)	方格形截水格构护坡设计图	67	
10	边坡治理工程	图 5-19 (H002-7)	人字形截水格构护坡设计图	68	
11	边坡治理工程	图 5-20 (H002-8)	锚杆格构护坡设计图	69	
12	边坡治理工程	图 5-21 (H003-1)	等截面护面墙防护坡设计图	70	
13	边坡治理工程	图 5-22 (H003-2)	变截面护面墙防护坡设计图	71	
14	边坡治理工程	图 5-23 (H003-3)	实体护面墙护坡设计图	72	
15	边坡治理工程	图 5-24 (H003-4)	窗孔式护面墙护坡设计图	73	
16	边坡治理工程	图 5-25 (H004-1)	干砌片石护坡结构设计图	74	
17	边坡治理工程	图 5-26 (H004-2)	浆砌片石护坡结构设计图	75	
18	边坡治理工程	图 5-27 (H004-3)	方形水泥砼预制块护坡设计图	76	
19	边坡治理工程	图 5-28 (H004-4)	六边形排水砼预制块护坡设计图	77	
20	边坡治理工程	图 5-29 (H005)	格宾石笼挡墙护坡设计图	78	
21	边坡治理工程	图 5-30 (H006-1)	植草护坡设计图	79	
22	边坡治理工程	图 5-31 (H006-2)	三维植被网护坡设计图	80	
23	边坡治理工程	图 5-32 (H006-3)	土工格室植草护坡设计图	81	

护坡工程设计图纸如图 5-10 至图 5-32 所示。

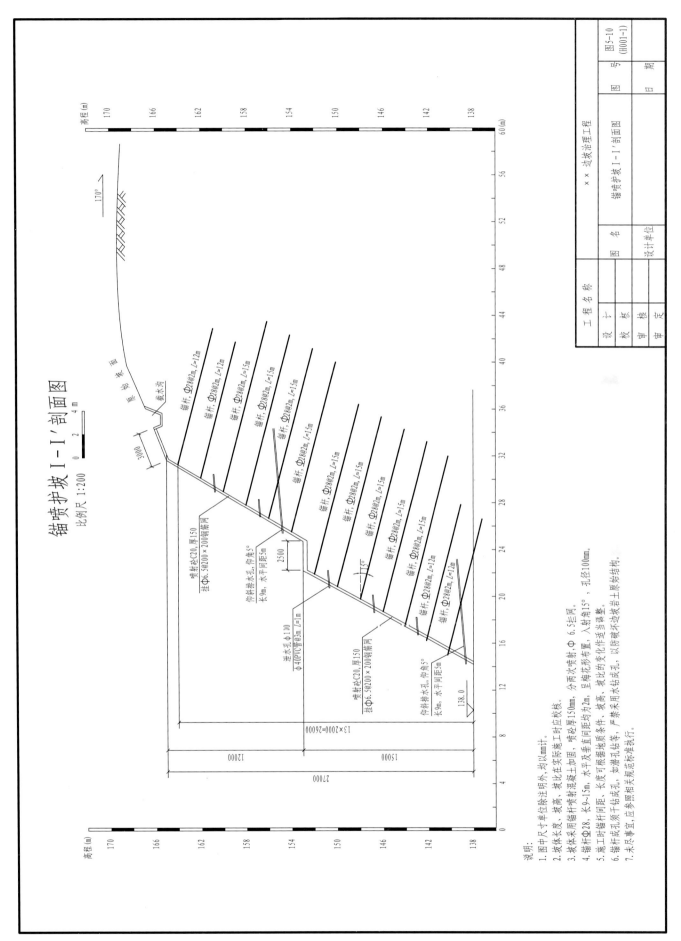

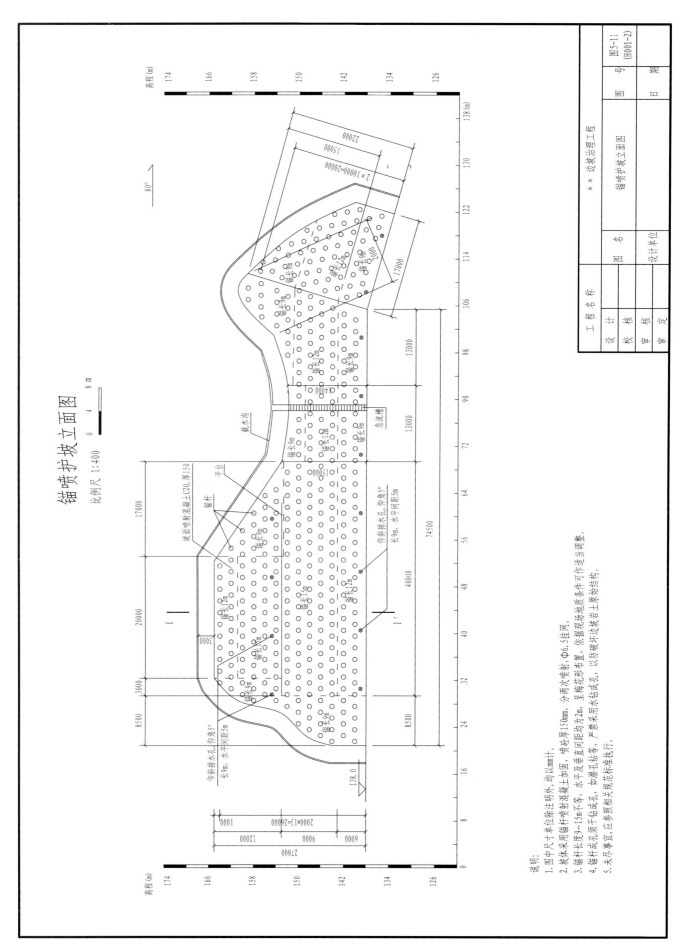

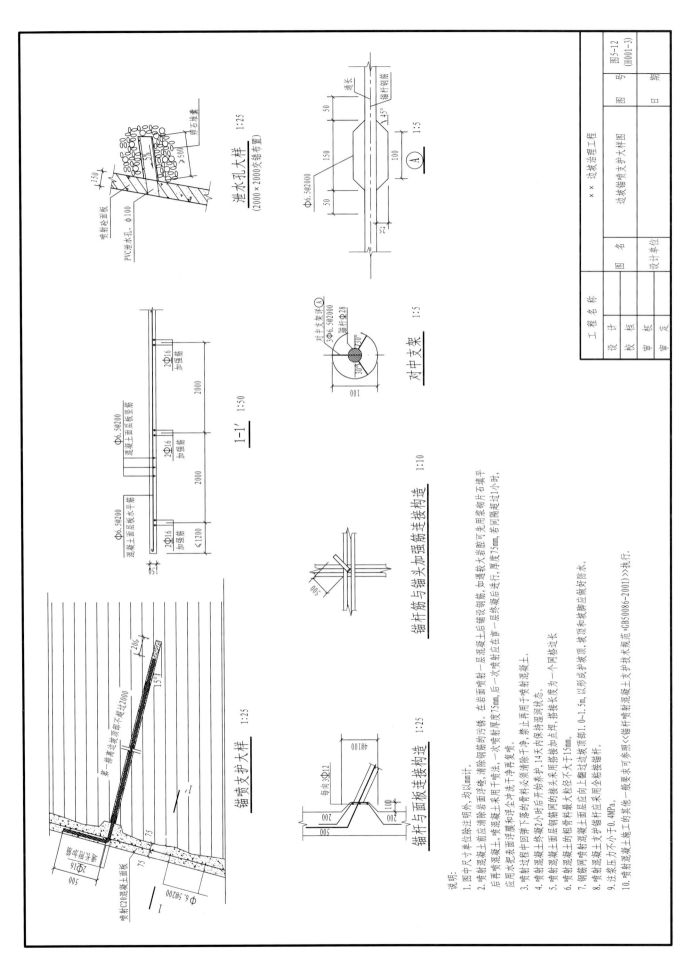

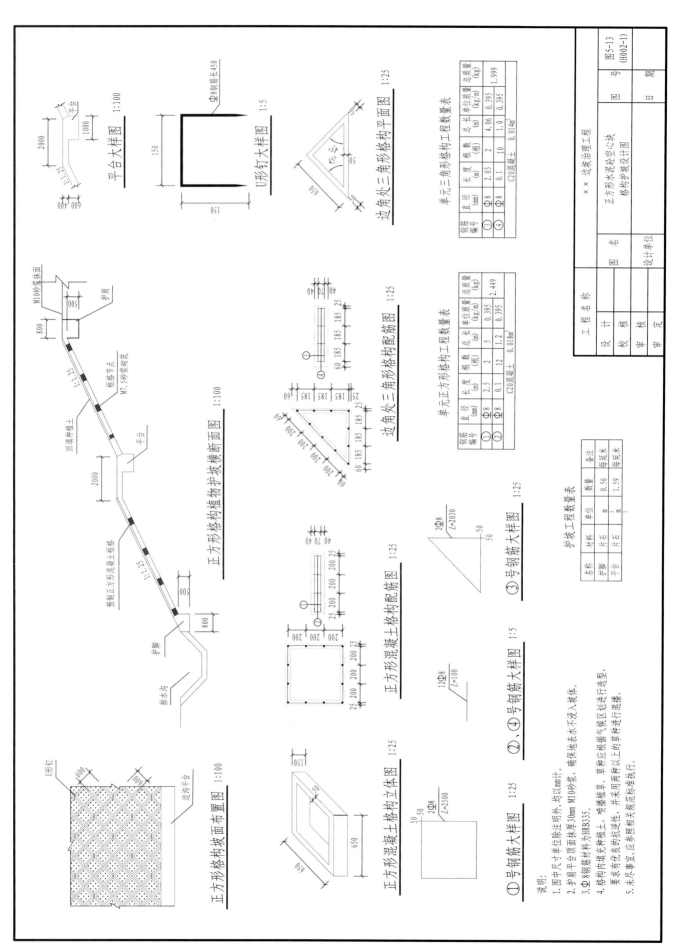

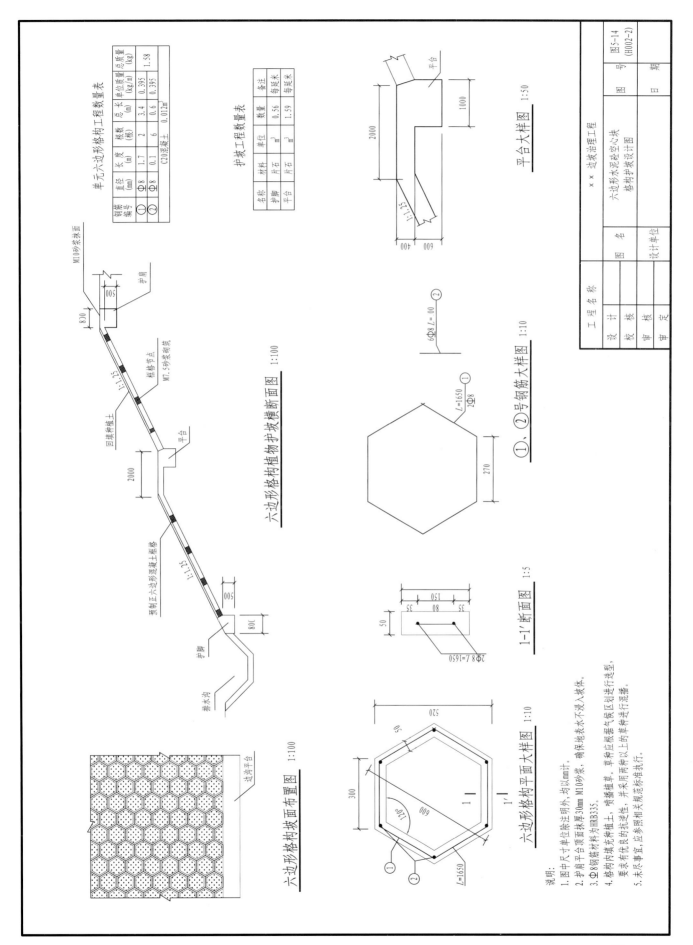

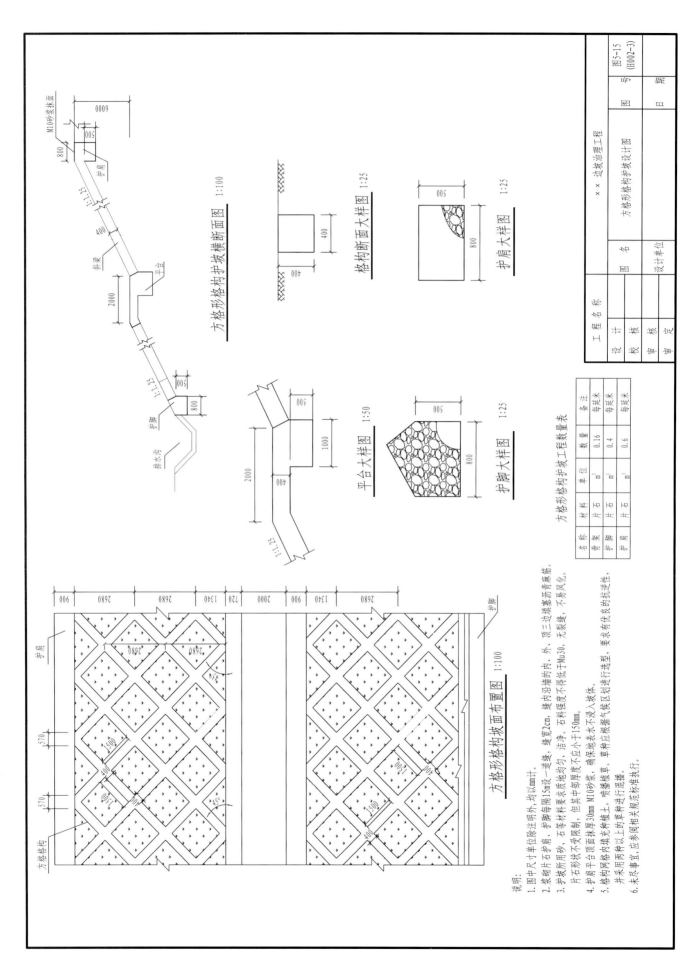

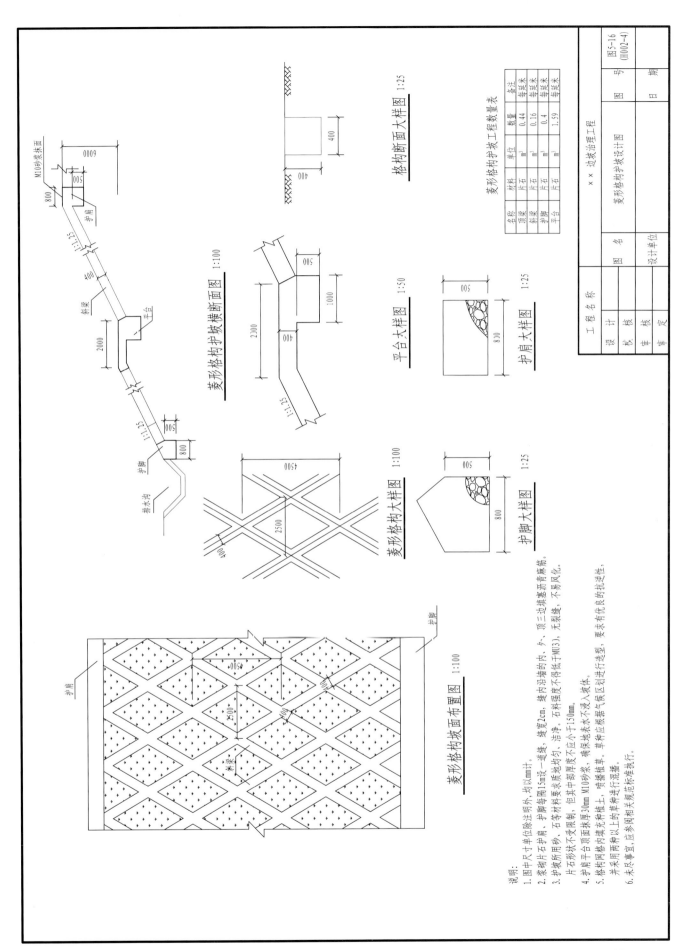

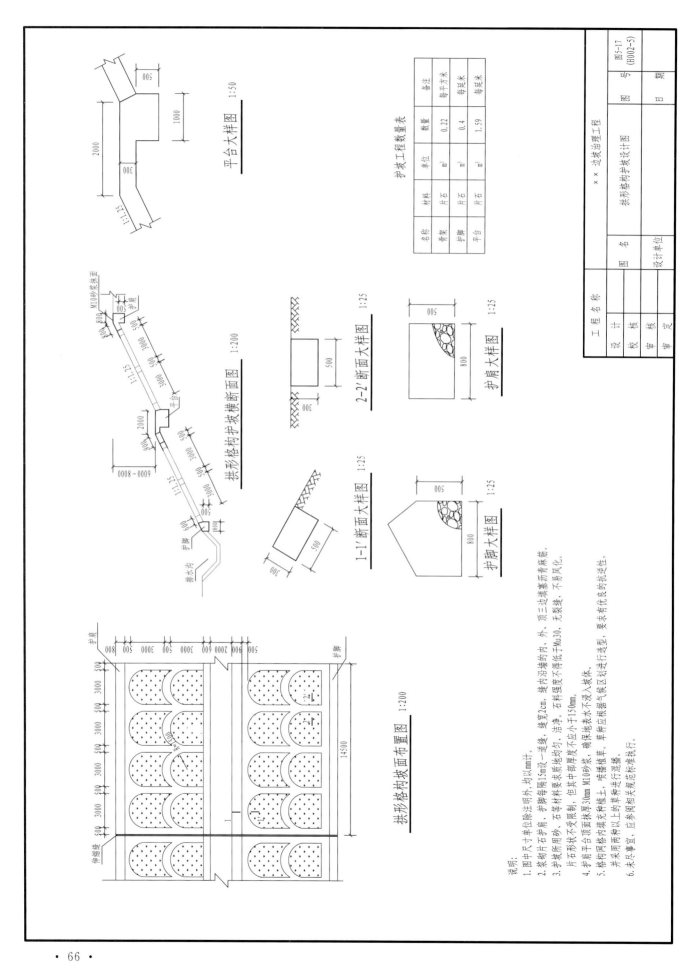

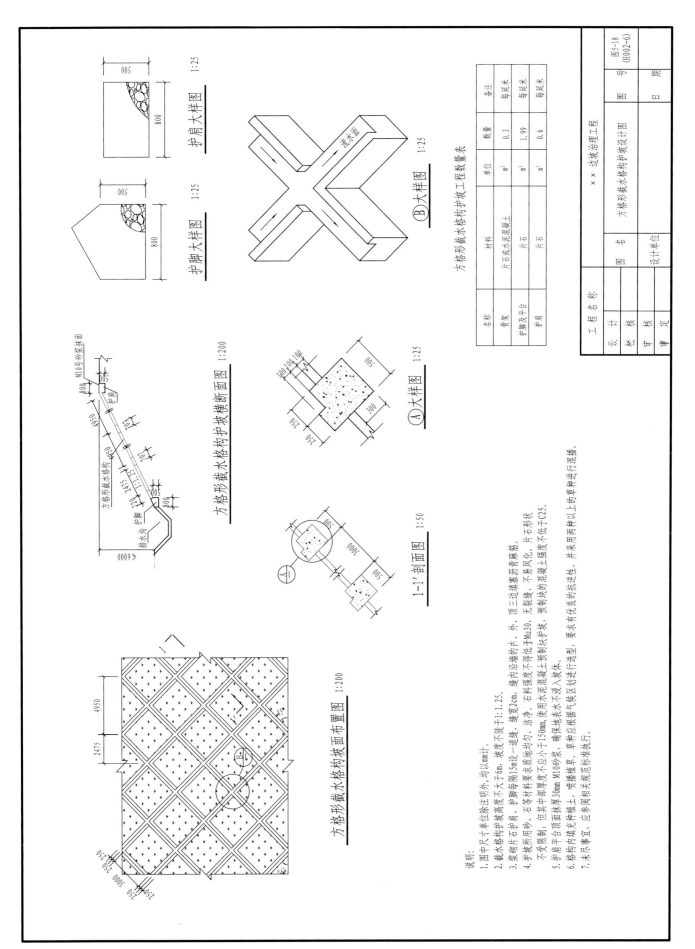

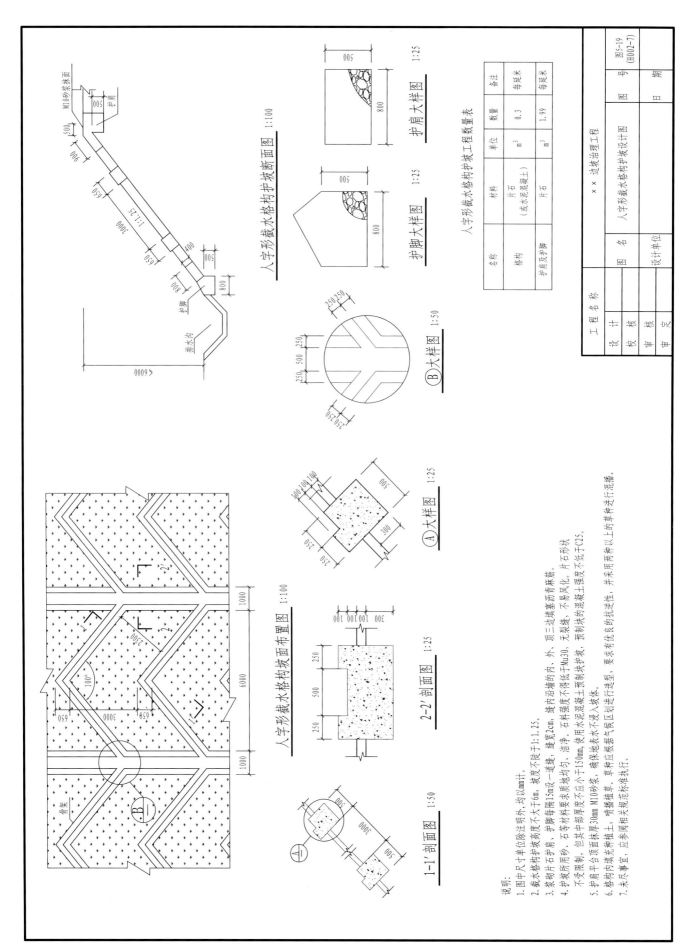

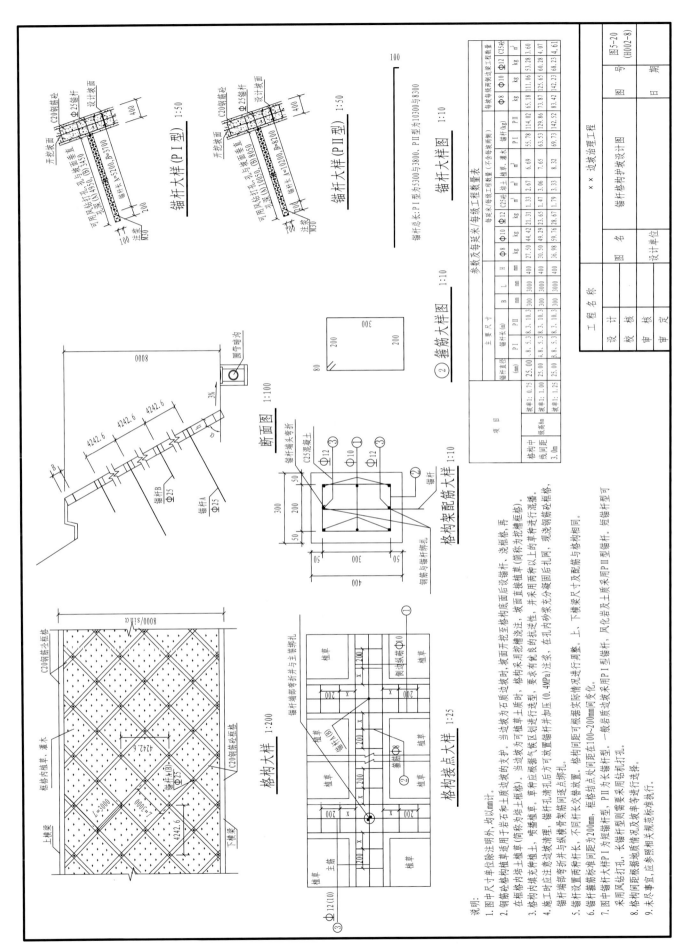

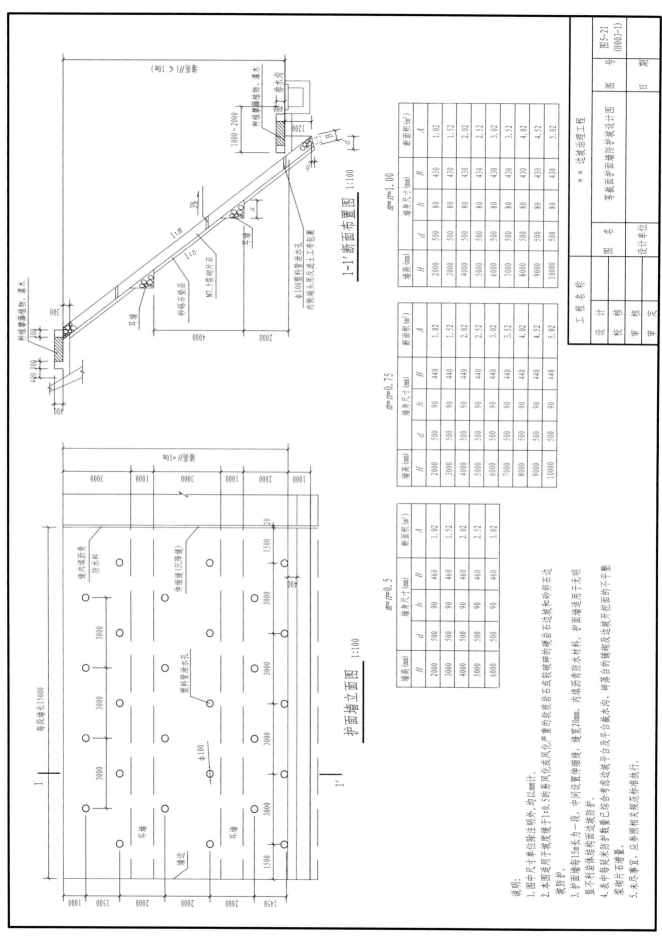

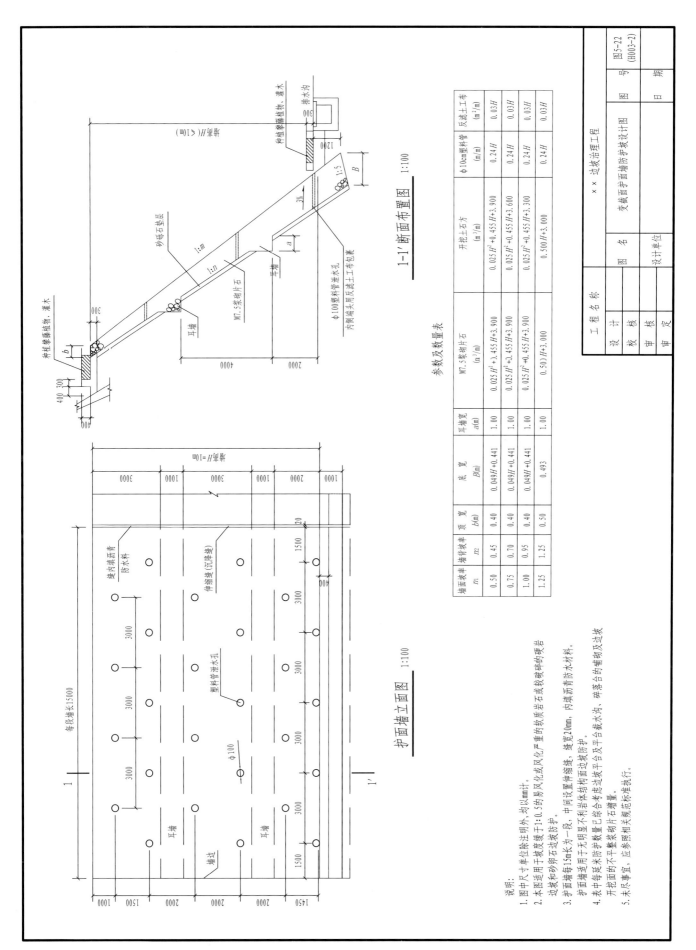

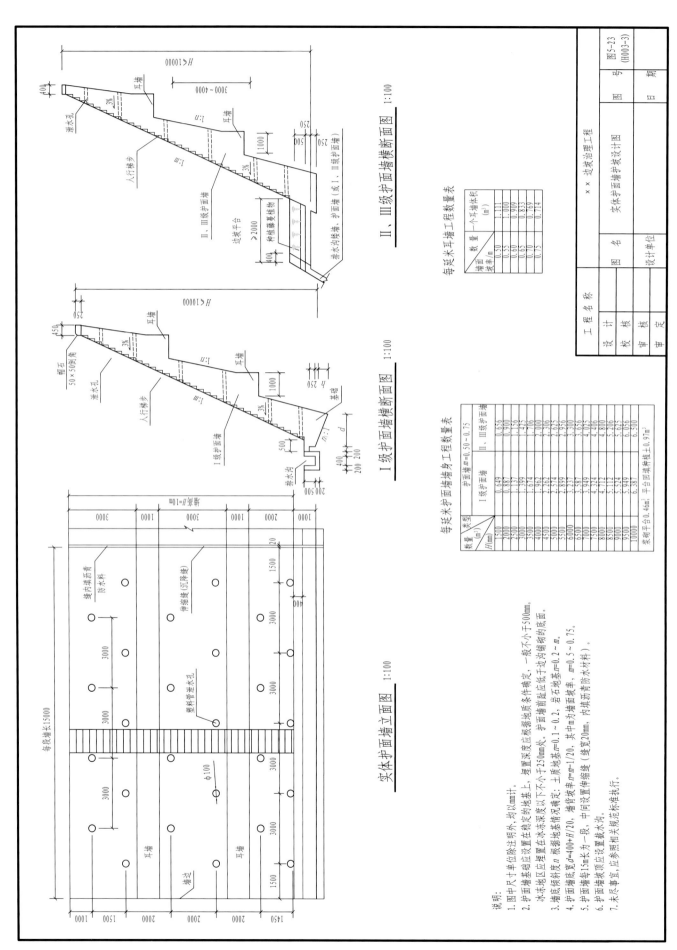

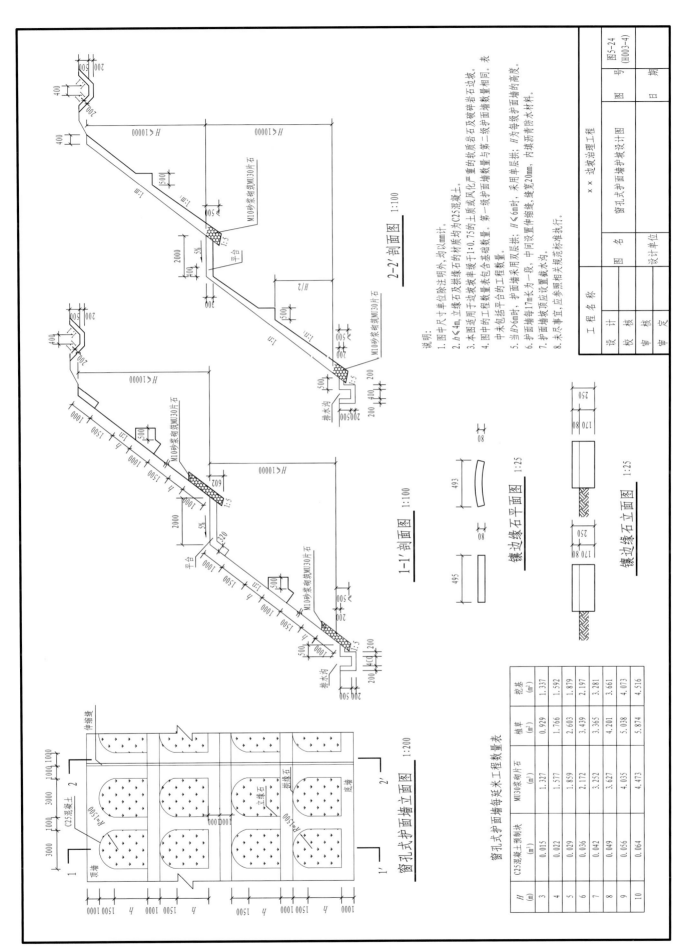

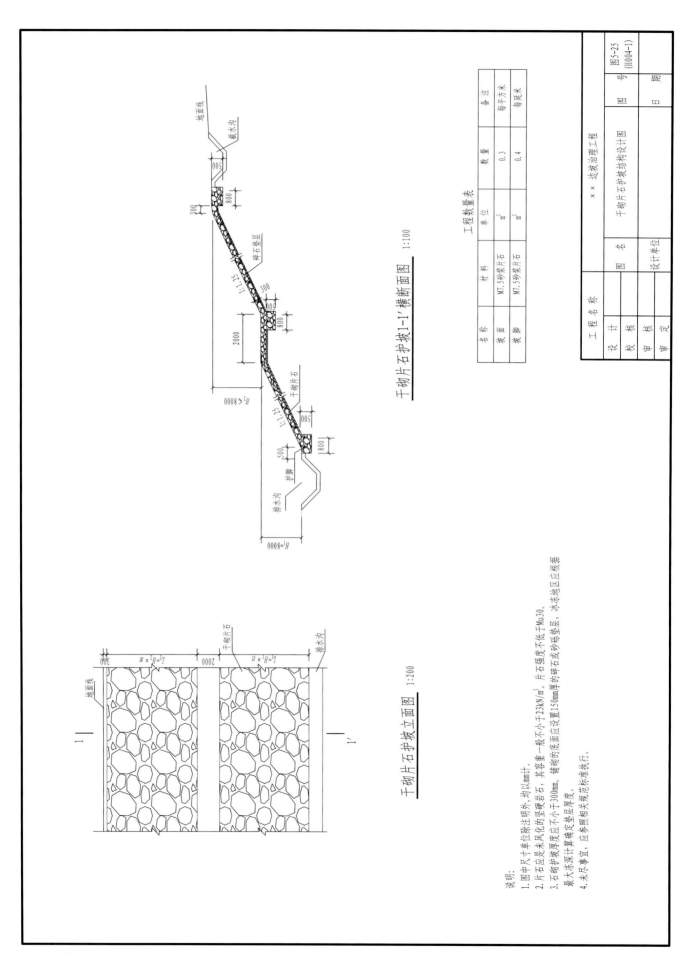

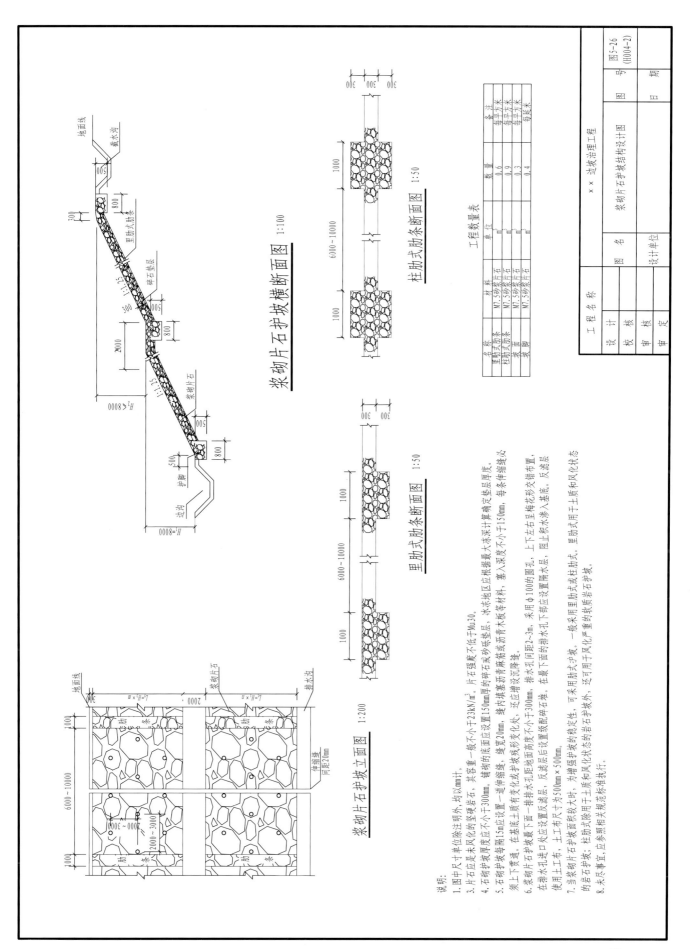

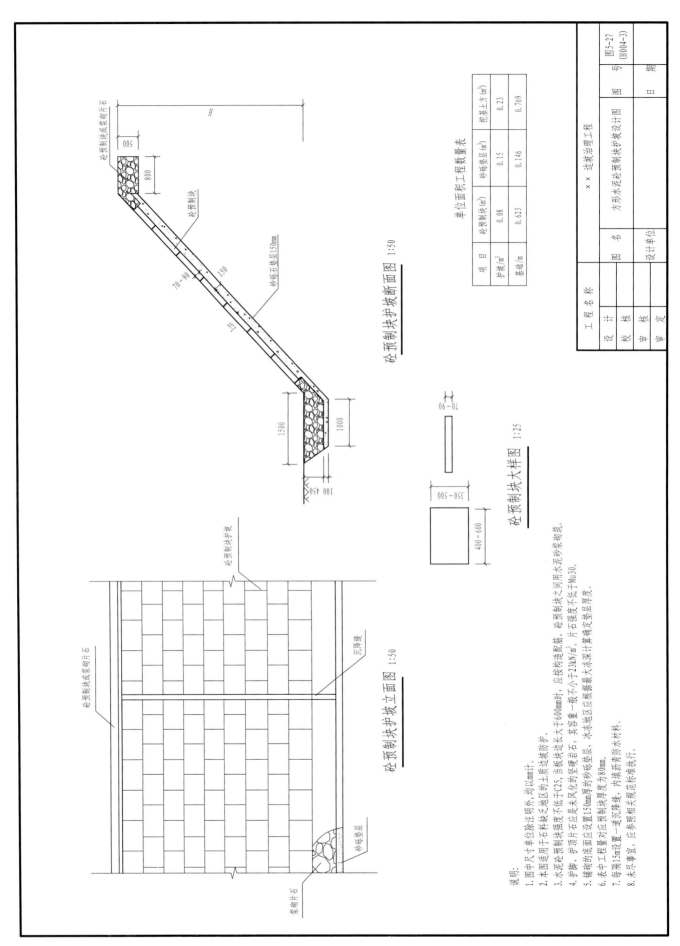

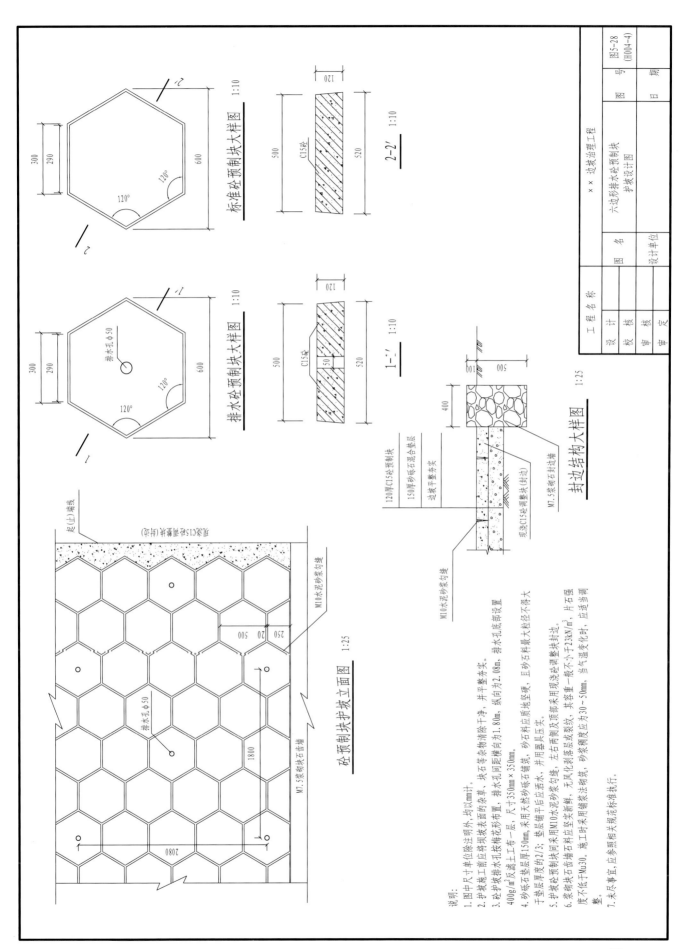

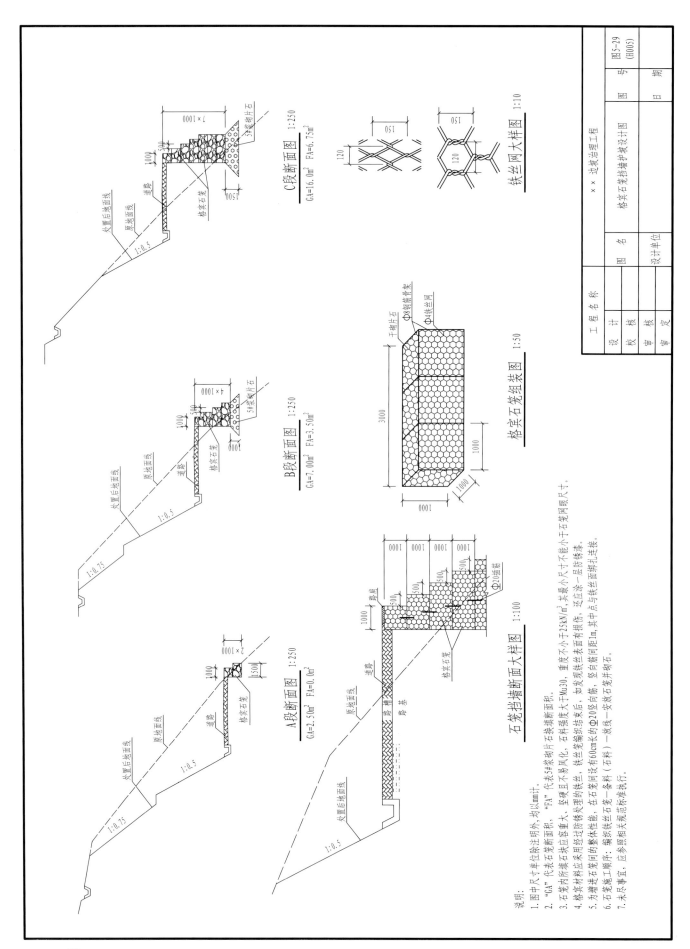

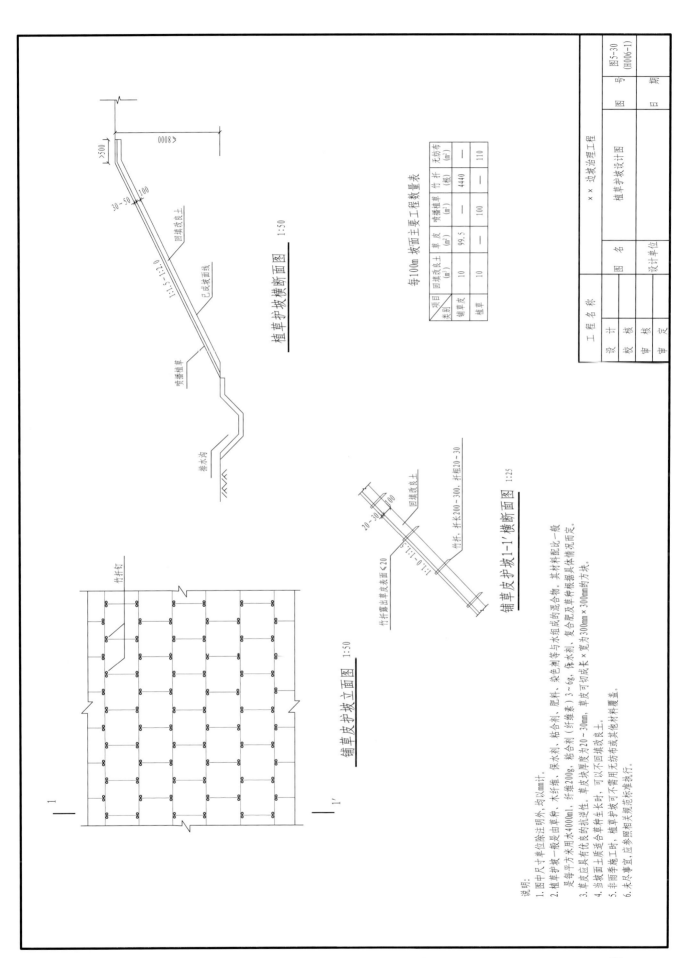

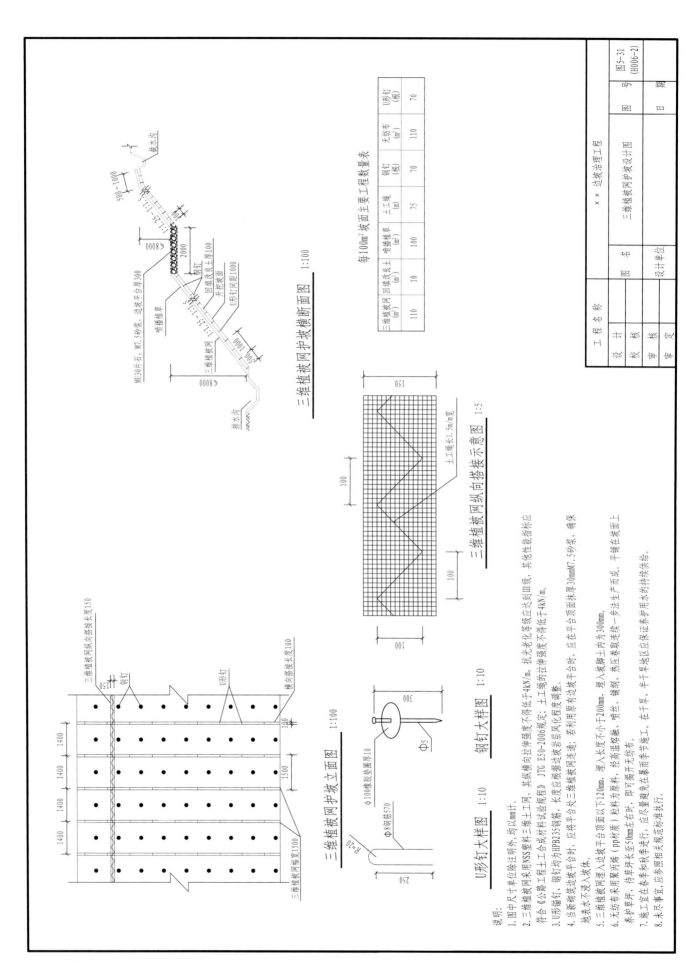

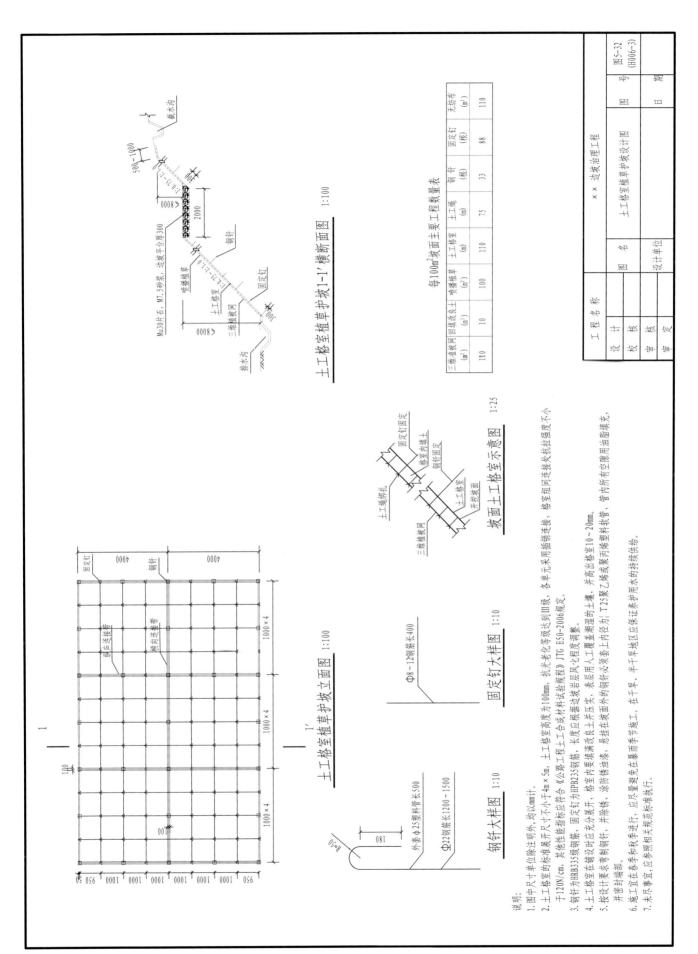

第六章　排（截）水工程设计图纸

第一节　概　述

排（截）水工程总体可分为浆砌排（截）水沟、盲沟、排水廊道及排水井（孔）四大类。

1. 排（截）水沟

排水沟是将边沟、截水沟的汇水和（滑）坡体附近及其（滑）坡体内低洼处积水或出露泉水引向坡体以外的水沟。也可用于挡土墙前引排挡土墙上排水孔排出的墙后地下水。截水沟是拦截坡面地表径流的排水沟。一般是设在（滑）坡体前缘或（滑）坡体后缘，远离裂缝5m以外的稳定斜坡面上，用以拦截上方来水，防止（滑）坡体外的水流入（滑）坡体内。在陡坡地段，应设置排水沟跌水坎、急流槽，以利水流消能和减缓流速。排（截）水沟断面形式常有梯形、矩形或抛物线形（图6-1）。

(a)有跌水坎矩形排水沟　　　　　　　　　(b)有跌水坎抛物线形排水沟

图6-1　排水沟

2. 盲沟

盲沟又称暗沟，是在坡体或地基内设置的充填碎、砾石等粗粒材料并铺以倒滤层的排（截）水沟。盲沟是一种地下集排水渠道，用以排除地下水，降低地下水位，适用于规模较小、滑面埋深较小的滑坡和塌岸坡面防护。

3. 排水廊道

排水廊道可用于拦截滑坡体后缘深层地下水及降低滑坡体内地下水位，一般分为与地下水流向基本垂直的横向截水隧洞，与分支截排水隧洞或集水井组合使用的纵向排水隧洞；适用于地下水埋藏较深、含水层有规律、水量较大的滑坡，多位于滑动面附近的滑动区（图6-2）。

4. 排水井（孔）

排水井（孔）是为了降低和控制高潜水位的特殊目的而设计的常用地下水井（图6-3）。

(a) 排水廊道

(b) 设置排水孔

图 6-2 排水廊道

图 6-3 排水井

第二节 排（截）水工程设计图纸

排（截）水工程设计样图对应的项目名称、图号及图纸名称如表 6-1 所示。

表 6-1 排（截）水工程设计图纸一览表

序号	项目名称	图号	图纸名称	页码	备注
1	滑坡治理工程	图 6-4（J001）	浆砌石截水沟断面设计图	85	
2	滑坡治理工程	图 6-5（J002）	截排水沟结构图	86	
3	滑坡治理工程	图 6-6（J003）	截排水沟消能池结构图	87	
4	滑坡治理工程	图 6-7（J004）	盲沟构造图	88	
5	滑坡治理工程	图 6-8（J005）	排水廊道纵断面设计图	89	

续表 6-1

序号	项目名称	图号	图纸名称	页码	备注
6	滑坡治理工程	图 6-9（J006）	排水廊道结构大样图	90	
7	滑坡治理工程	图 6-10（J007）	集水井结构图	91	
8	滑坡治理工程	图 6-11（J008）	跌水井大样图	92	

排（截）水工程设计图纸如图 6-4 至图 6-11 所示。

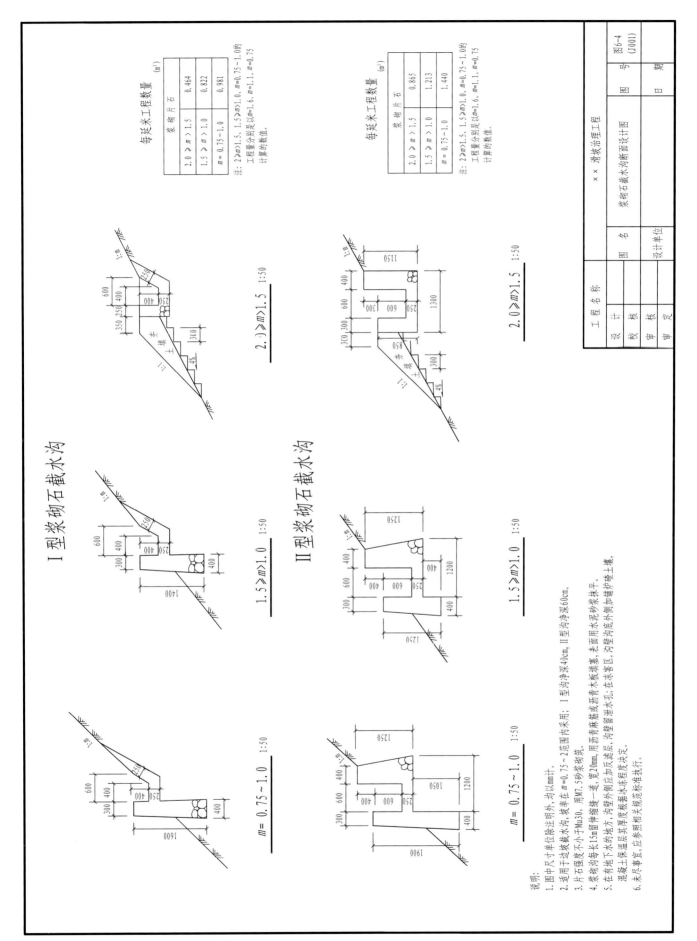

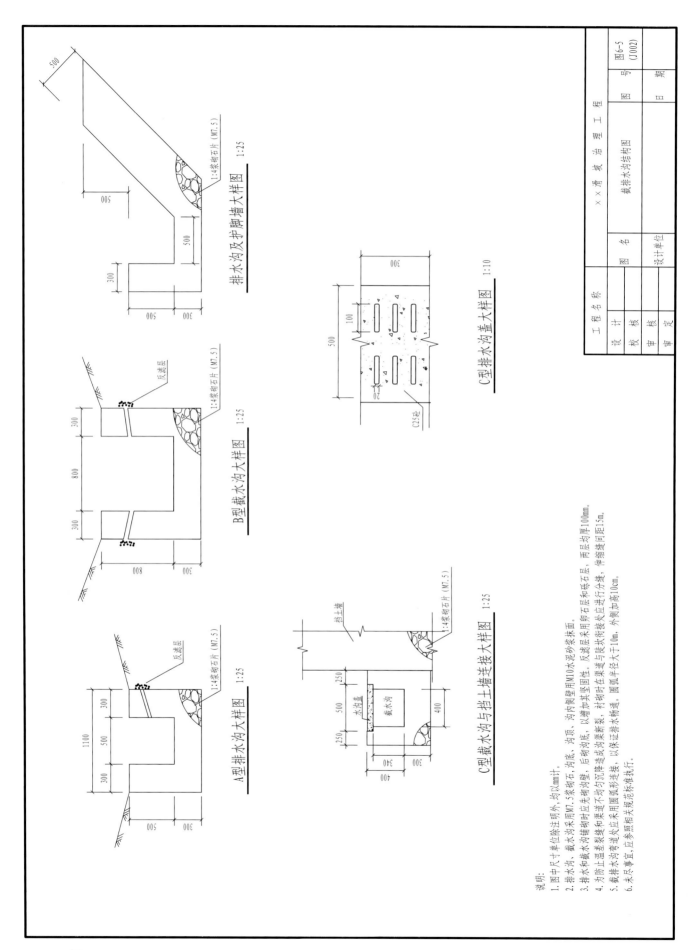

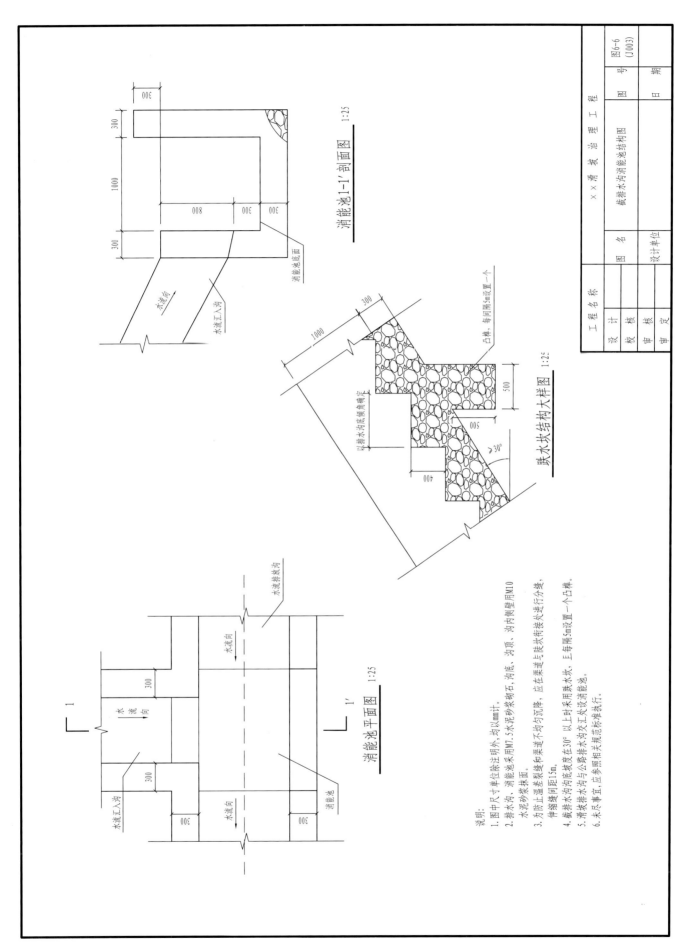

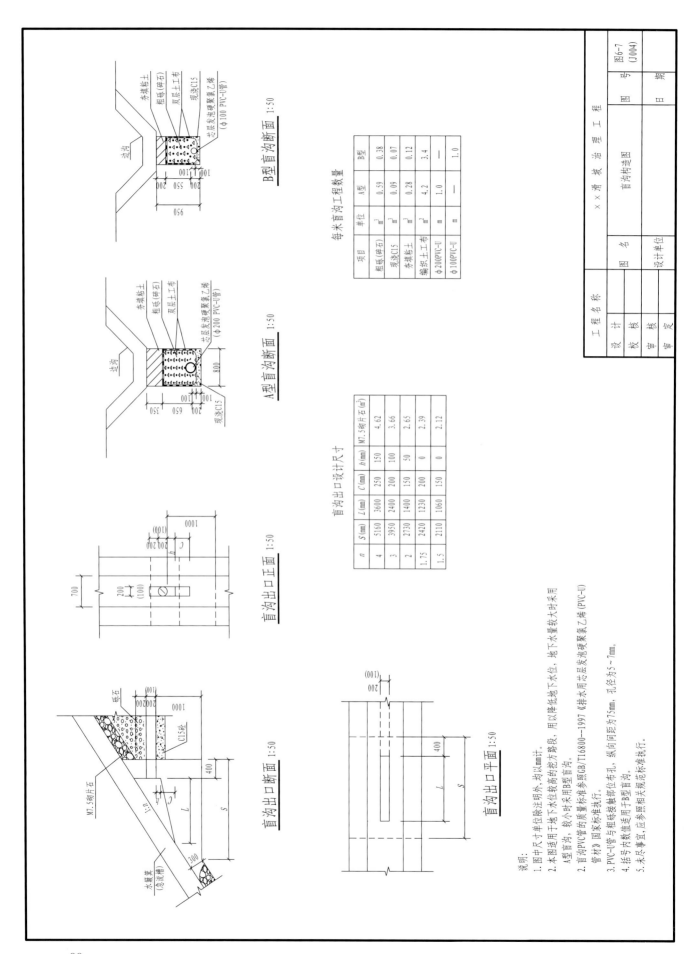

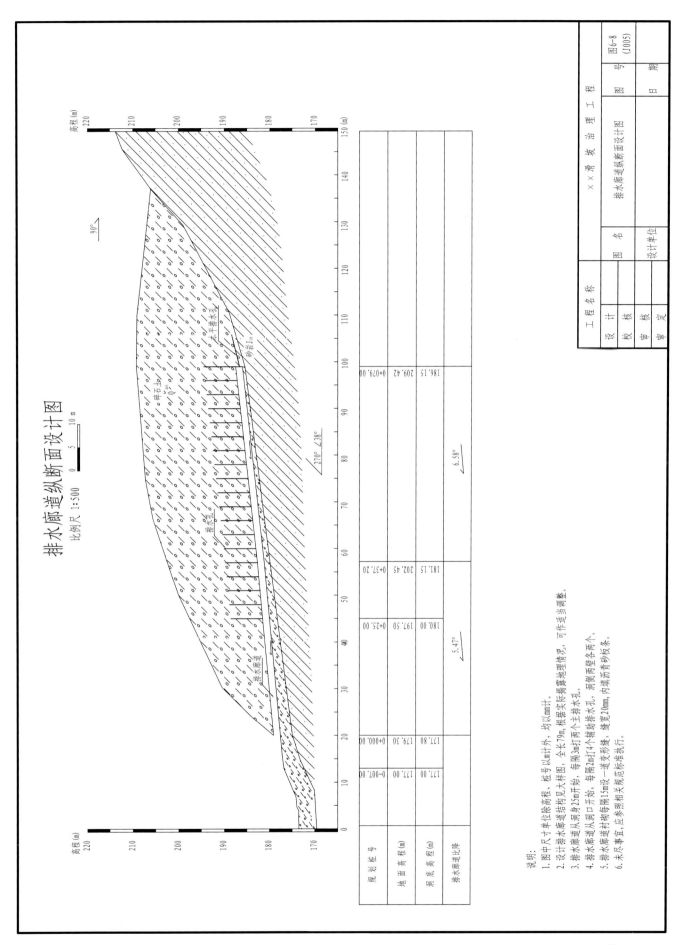

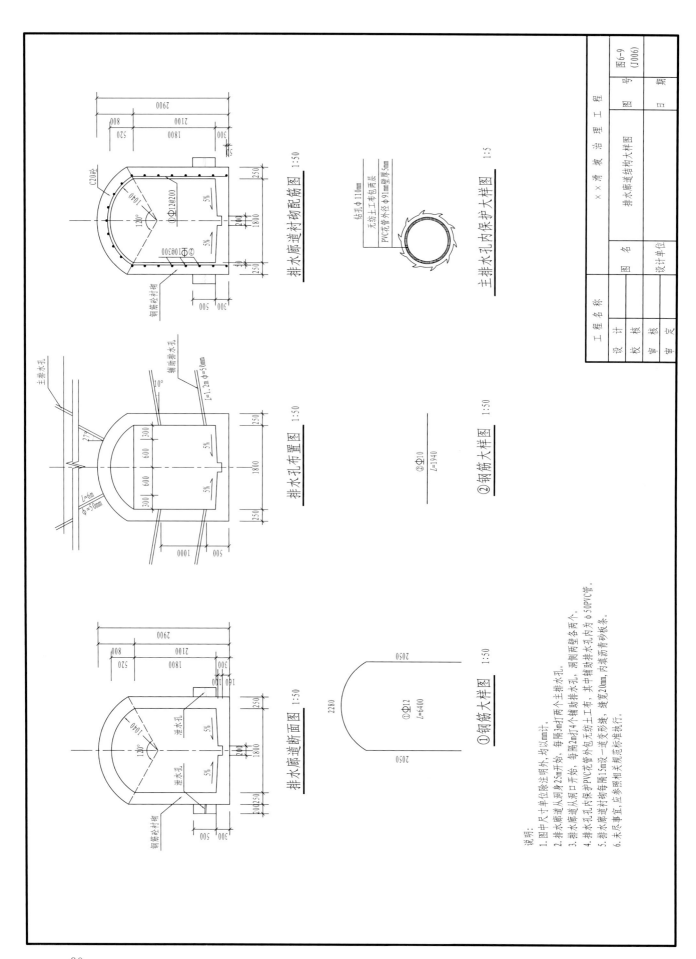

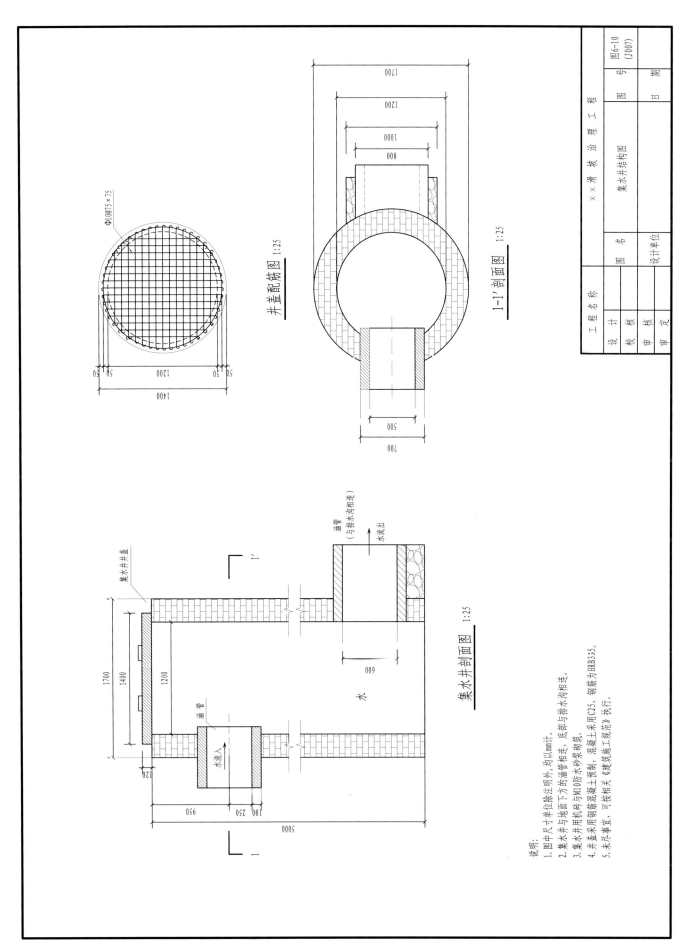

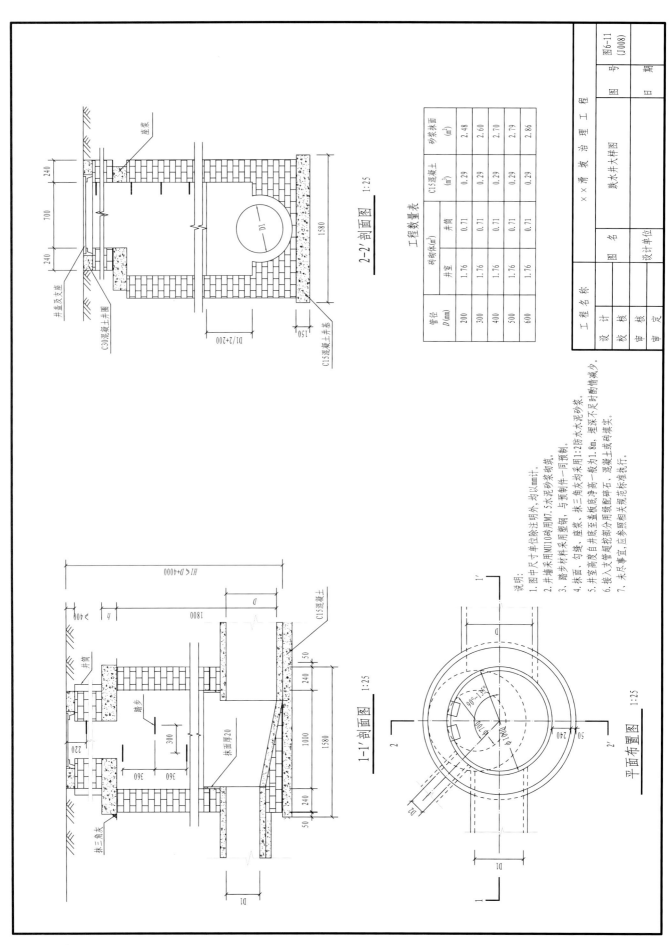

第七章 监测工程设计图纸

第一节 概 述

监测工程为监测地表位移、深部位移、应（压）力、应变、地温、水文、气象、震动等因素而设置的墩（点）、标志，埋设的仪器、设备，数据采集、处理系统等；主要分为变形监测、应（压）力监测、相关因素监测以及影响因素监测。

变形监测主要包括地表位移监测、深部位移监测。地表位移监测主要分为全站仪监测、GPS 监测（图 7-1）、裂缝位移监测、地面倾斜监测、伸缩（收敛）监测。深部位移监测主要分为钻孔倾斜监测、TDR 监测（图 7-2）、钻孔多点位移监测。

图 7-1 GPS 监测

图 7-2 TDR 监测

应（压）力监测主要包括岩（土）体压力监测（图 7-3）、滑坡推力监测、锚索（杆）应力监测（图 7-4）。

图 7-3 土体压力监测

图 7-4 锚索应力监测

相关因素监测主要包括地下水监测、地微震监测、地声监测、地温监测、放射性监测。

影响因素监测主要包括气象要素（降水、温湿度、风速风向）监测、江河水位监测、工程活动监测、地震监测。

第二节 监测工程设计图纸

监测工程设计样图对应的项目名称、图号及图纸名称如表7-1所示。

表7-1 监测工程设计图纸一览表

序号	项目名称	图号	图纸名称	页码	备注
1	滑坡治理工程	图7-5（C001）	监测工程平面布置图	95	
2	滑坡治理工程	图7-6（C002）	监测工程1-1'纵剖面布置图	96	
3	滑坡治理工程	图7-7（C003）	监测工程2-2'纵剖面布置图	97	
4	滑坡治理工程	图7-8（C004）	监测工程标墩大样图	98	
5	滑坡治理工程	图7-9（C005）	深部位移监测孔结构图	99	

监测工程设计图纸如图7-5至图7-9所示。

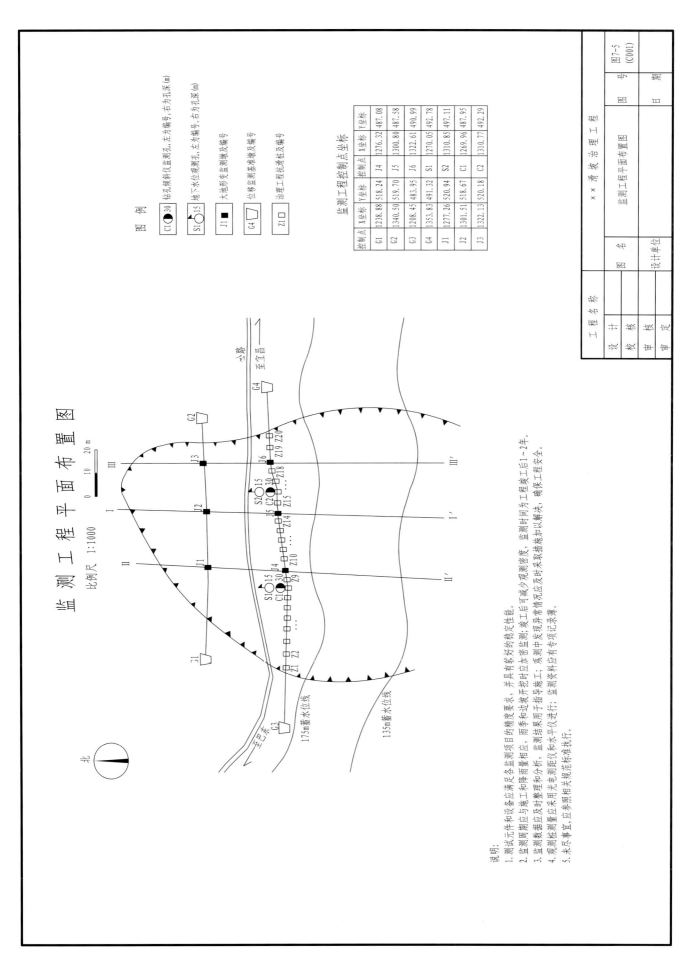

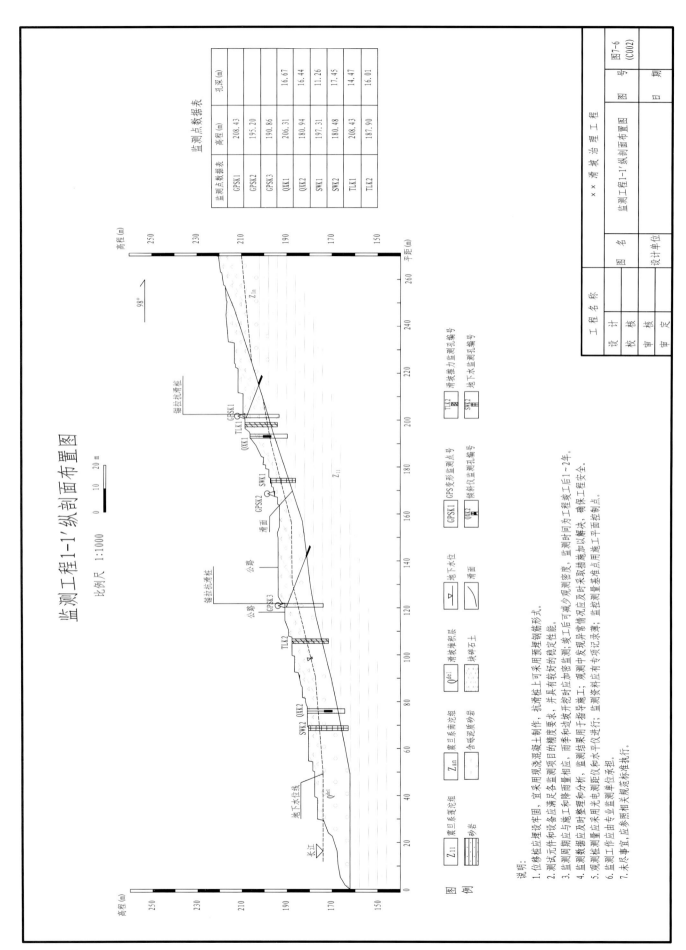

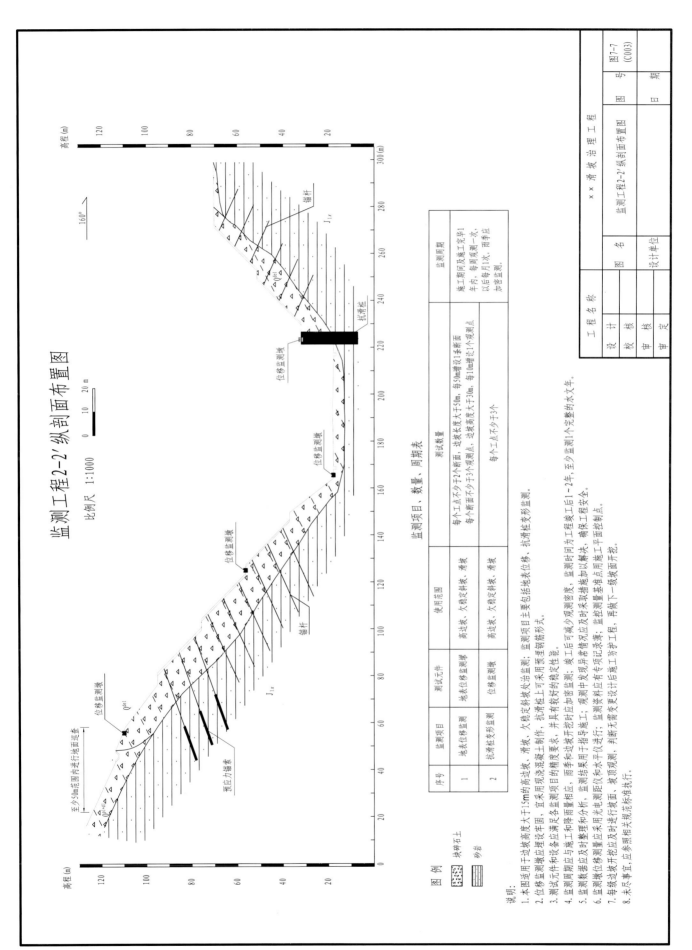

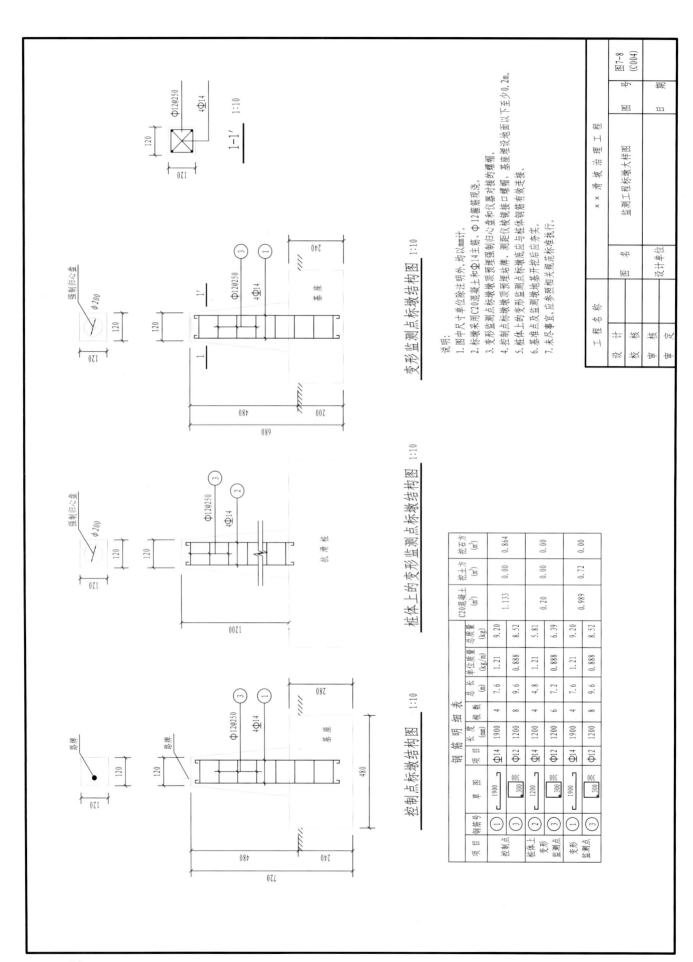

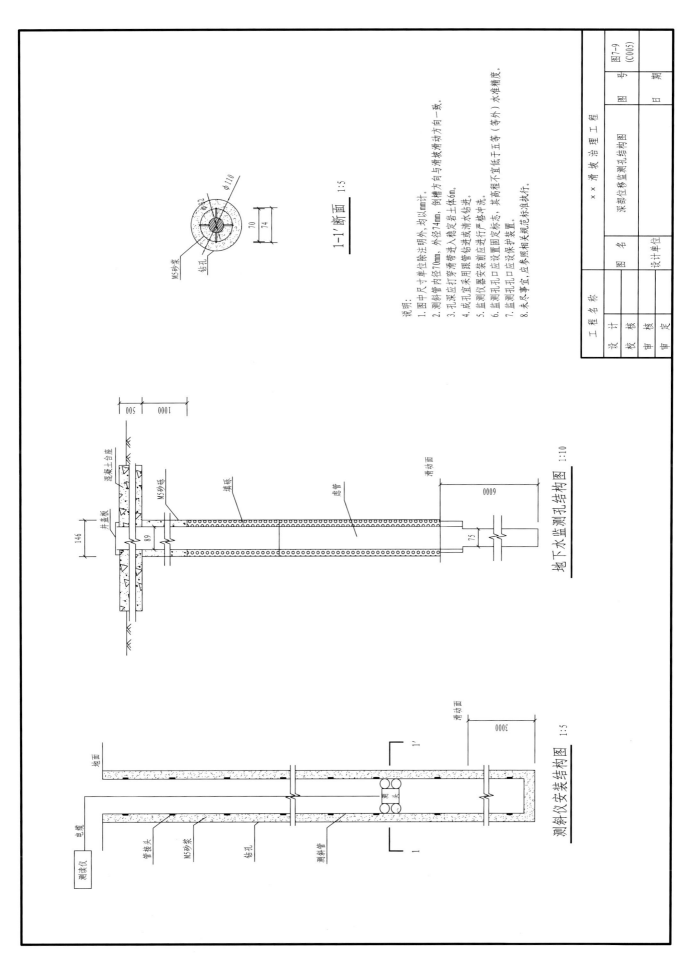

第八章 设计参考图纸实例

第一节 A 滑坡治理工程设计参考实例

一、工程概况

A 滑坡位于三峡库区、长江一级支流左岸，由Ⅰ、Ⅱ、Ⅲ三个滑体或变形体组成，总体积 $79.2 \times 10^4 m^3$（图 8-1、图 8-2）。三个滑体均为土质中型滑坡；Ⅰ滑体、Ⅲ变形体为浅层滑坡，Ⅱ滑体为中层滑坡；按滑体体积分类，为中型滑坡。滑床地层岩性为侏罗系下统香溪组（J_1x）泥质粉砂岩、砂岩、泥岩和砾岩，产状 N15°E/NW∠45°。在坡体表部及沟谷段有不同厚度的第四系（Q）残坡积、崩坡积及滑坡堆积物覆盖，河边分布有人工弃土。滑坡剪出口直抵河流，威胁到两个货运码头及居民居住区。

图 8-1 A 滑坡全貌

Ⅰ滑体纵向长 300m，滑体前缘高程 175～180m，宽约 200m，后壁高程 277m，后缘高程 241m，宽约 150m，高差约 70m，面积为 $3.40 \times 10^4 m^2$，滑坡体平均厚度 10m，滑坡体积为 $34 \times 10^4 m^3$。滑坡地貌明显，后缘圈椅状，后壁坡度 40°左右，与顺向基岩产状基本一致；中部地形缓，坡度为 10°～20°。滑体前缘及滑坡前部近期发生了次级滑坡变形，路基垮塌和下沉。在自重状态下滑坡稳定系数为 1.095 8，滑坡基本处于稳定状态；在自重＋地表荷载＋20 年一遇暴雨（$q_全$）工况下，稳定系数为 1.080 4，滑坡整体处于欠稳定状态。

Ⅱ滑体推测前缘高程 120m，宽约 170m，后缘高程 185m，宽约 70m，纵向长 170m，面积为 $1.70 \times 10^4 m^2$，滑坡体平均厚度 12.0m，滑坡体积为 $20.4 \times 10^4 m^3$，滑动方向 296°。在自重状态下滑坡稳定系数为 1.641 1（3-3′剖面），滑坡处于稳定状态；在自重＋地表荷载＋水库坝前175m 静水位＋非汛期 20 年一遇暴雨（$q_枯$）工况下稳定系数最小，为 0.861 0，滑坡整体处于不稳定状态。该滑体将被水淹没 95%，稳定性将大大降低。

Ⅲ变形体前缘高程 120m，宽约 230m，后壁高程 256m，后缘高程 205m，宽约 190m，纵向长 370m，面积 $5.7 \times 10^4 m^2$，滑坡体平均厚度 10m，滑坡体积 $57 \times 10^4 m^3$，滑动方向 266°。滑坡地貌明显，后缘呈圈椅状，接后壁的顺向基岩陡坡被树林覆盖；中部为一宽缓平台，多为新建民房和码头，前缘直抵河流，前缘剪出口现已被 139m 库水位所淹没。北侧边界沿一条近东西向的冲沟展布，南边界接基岩缓坡和冲沟。现滑坡体上中、前部基本被房屋住宅和码头开发所利用，居住有众多居民，人类工程活动影响大。在自重状态下，滑坡稳定系数为 1.515 3；在自重＋地表荷载＋水库坝前 175m 静水位＋非汛期 20 年一遇暴雨（$q_枯$）工况下稳定系数最小，为 0.914 3，处于不稳定状态。实际上，Ⅲ滑体在目前自重状态下已经出现多处拉张裂缝、下沉悬空现象；在暴雨、库水位变动等不利条件下，容易发生二次松散堆积体滑坡。

二、设计荷载组合、参数和标准的确定

1. 设计基本参数

（1）气温。峡口镇多年平均气温 18.3℃，极端最高气温 43.1℃（1959 年 8 月），极端最低气温 −9.3℃（1977 年 1 月）。

（2）降雨。峡口镇位于鄂西暴雨中心区北部边缘地带，据兴山气象站（1958 年建站）历年观测资料，多年平均降雨量 985mm，最大年降雨量 1 357.0mm（1963 年），多年月最大降雨量 376.1mm（1963 年 8 月），7 日最大降雨量 278.7mm（1963 年 8 月 16 日～23 日），3 日最大降雨量 175.3mm（1982 年 7 月 18 日～20 日），1 日最大降雨量 162.9mm（1982 年 7 月 20 日），1 小时最大降雨量 79.6mm（1987 年 8 月 6 日）。

（3）水库运行。2003 年 6 月至 2006 年 6 月按坝前 139m 方案运行，2006 年 7 月至 2013 年（汛前）水库水位按坝前 156m 方案运行，最大水位变幅 21m，其后，水库按 175m 方案运行，最大水位变幅 30m。

（4）建筑荷载。经调查统计，该地区地面均布荷载有公路、居民建筑和码头堆场等，一般按 10～20kN/m 考虑。

（5）风浪爬高。风浪爬高按 0.5m 考虑，护坡上界范围确定为 175m。

（6）设计标准。防治等级Ⅲ级；设计安全运行年限为 50 年。

三、工程布置及结构设计

经方案比选论证，将治理方案分述如下（图 8-3）。

Ⅰ滑体（图 8-4）：抗滑桩＋挡土板＋排水＋挡土墙。在滑体前缘高程 188m 公路外侧布置 A 型抗滑桩（图 8-5、图 8-6）和桩间挡土板（图 8-7），设桩处的滑坡推力为 670kN/m，桩截面 1.8m× 2.5m，平均桩长 20m，横向桩间 6m，共 15 根；公路内侧设置高 2.5m 重力式挡土墙，长 105m，按 1∶1.28 坡率进行削坡整形；在港口散货堆场布设高 11.74m 护岸挡土墙，长 27m，墙顶顶面高程与港口相平。考虑到挡土墙上部货场及汽车荷载等因素，挡土墙设计成衡重式（图 8-8）。排水工程结合坡体公路排水沟进行布设，结合自然冲沟设置纵向排水沟（图 8-9）。

Ⅱ滑体鉴于 95% 滑体被淹没，不治理，滑体上居民实行搬迁避让。

Ⅲ变形体（图 8-10）：抗滑桩＋挡土板＋排水。在Ⅲ变形体中部码头堆场后缘布设 C 型抗滑桩和桩间挡土板，设桩处的推力为 970kN/m，桩截面采用 2.0m×3.0m，平均桩长 20m，桩间距 6m，共 19 根。在 C 型桩两侧分别布置 B 型桩及桩间挡土板（图 8-7、图 8-11、图 8-12、图 8-13），桩截面采用 1.0m×1.5m，平均桩长 12m，桩间距 6m。沿滑坡周界布设排水沟，滑体内利用一条居民用截水沟，并与外部截、排水沟连接。

在三个滑体内共设置三排横向截水沟 J1、J2 和 J3，三条纵向排水沟 P1、P2 和 P3（图 8-9）。P2 排水沟通过集水井与相应位置穿过马路的涵管相连。截、排水沟根据实际地形布设在滑坡后缘、周边及滑坡体内，主要作用是截、排滑坡体因大气降水产生的坡面水流，所截水流经排水沟排入香溪河内。

依据设计流量，设计 A、B、C 三种截面的排水沟：

A 型截面，断面尺寸宽×深（$b×h$）为 500mm×500mm，A 型排水沟有 J1、P2；

B 型截面，断面尺寸宽×深（$b×h$）为 800mm×800mm，B 型排水沟有 P1、P3；

C 型截面，断面尺寸宽×深（$b×h$）为 400mm×400mm，水沟上方盖 500mm×300mm×60mm 的盖子，用 C25 混凝土和 $\phi 8$ 钢筋浇注。C 型截面排水沟有 J2。

排水沟基槽采用人工开挖。截排水沟沟底坡度在 30°以上时采用沟底阶梯消能（也称跌水陡坎），消能台阶高 0.4m，并且每隔 5m 设置一个凸榫。

A滑坡工程地质平面图

比例尺 1:1000

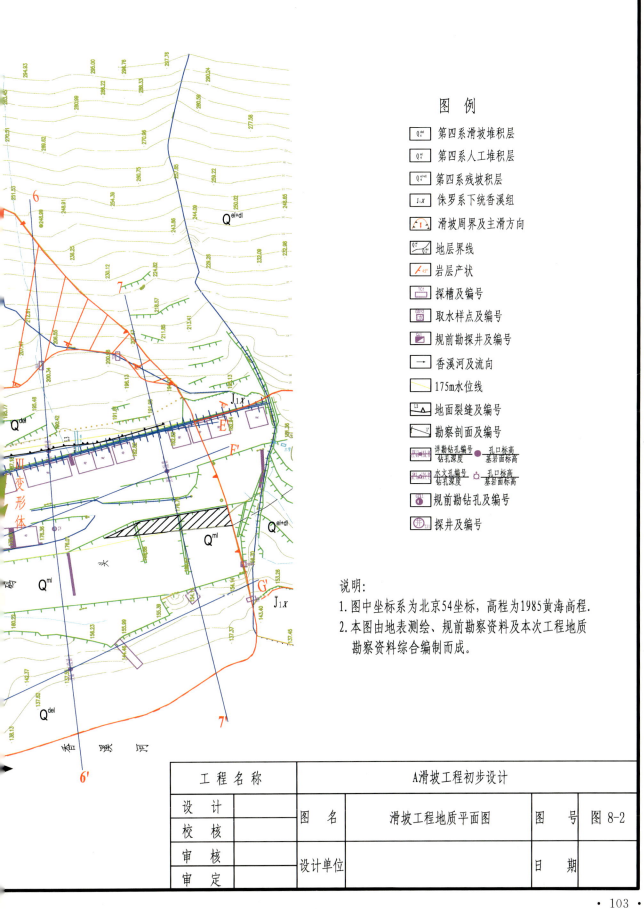

A滑坡工程

比例尺 1:

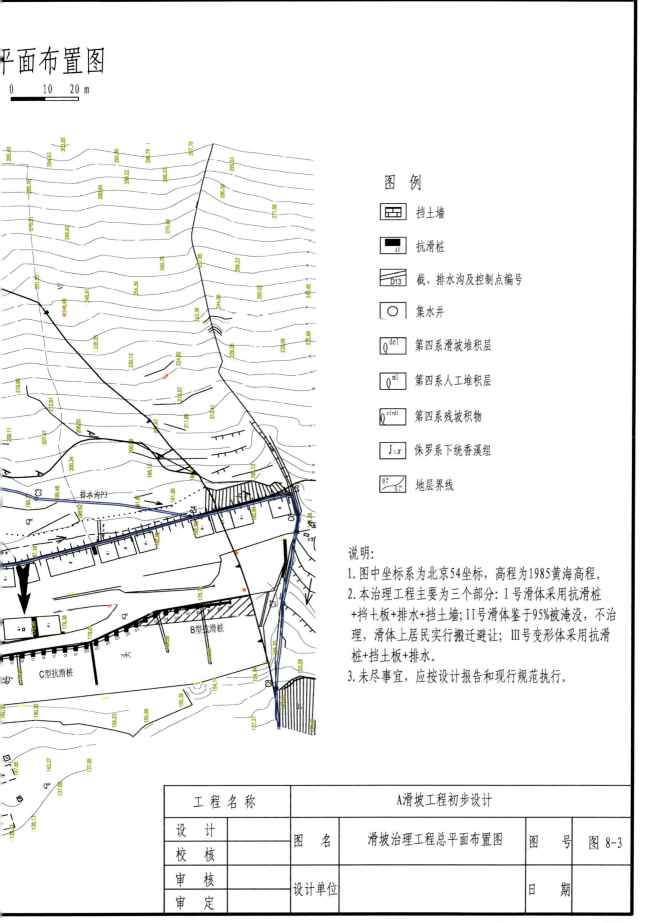

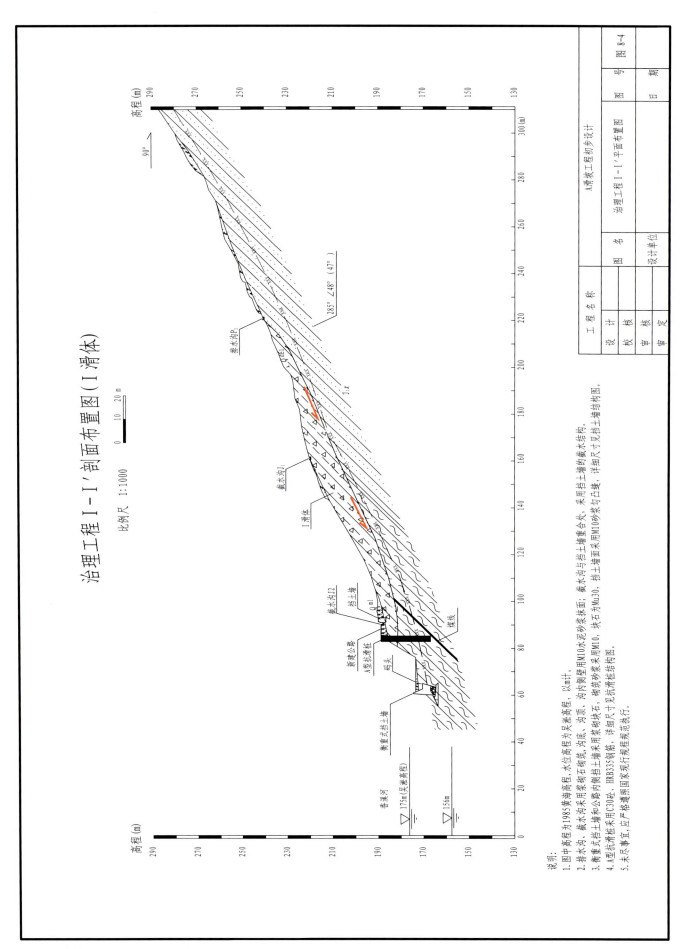

A型抗滑桩工程横剖面布置图（I滑体）

比例尺 1:1000

A型抗滑桩控制坐标表

桩号	X	Y	方位角	桩号	X	Y	方位角
A1	3443779.04	3479150.05	90°	A6	3443751.63	3479137.58	90°
A2	3443773.53	3479147.67	90°	A7	3443746.26	3479135.04	90°
A3	3443768.03	3479145.32	90°	A8	3443741.14	3479131.89	90°
A4	3443762.50	3479142.95	90°	A9	3443736.06	3479128.60	90°
A5	3443757.12	3479140.25	90°	A10	3443731.95	3479124.32	90°

桩号	X	Y	方位角	桩号	X	Y	方位角
A11	3443727.68	3479120.35	90°
A12	3443723.98	3479115.64	90°
A13	3443720.95	3479110.66	90°
A14	3443718.97	3479105.23	90°
A15	3443717.34	3479099.45	90°

A型抗滑桩长度表

桩号	A1	A2	A3	A4	A5	A6	A7	A8	A9	A10	A11	A12	A13	A14	A15
桩长（m）	23	23	23	23	23	23	23	23	23	23	19	19	14	14	14
桩高（m）	2.4	2.4	2.4	2.4	2.4	2.4	2.4	2.4	2.4	2.4	2.4	2.4	2.4	2.4	2.4
桩宽（m）	1.8	1.8	1.8	1.8	1.8	1.8	1.8	1.8	1.8	1.8	1.8	1.8	1.8	1.8	1.8
桩顶高程（m）	187.5	187.5	187.5	187.5	187.5	187.5	187.5	187.5	187.5	187.5	187.6	187.8	188.1	188.3	188.5
桩底高程（m）	164.5	164.5	164.5	164.5	164.5	164.5	164.5	164.5	164.5	164.5	168.6	168.8	174.1	174.3	174.5

A型抗滑桩材料表

规格	A1	A2	A3	A4	A5	A6	A7	A8	A9	A10	A11	A12	A13	A14	A15	合计
Φ32（t）	5.60	5.60	5.60	5.60	5.60	5.60	5.60	5.60	5.60	5.60	4.80	3.79	3.79	3.79	3.79	77.00
Φ25（t）	0.70	0.70	0.70	0.70	0.70	0.70	0.70	0.70	0.70	0.70	0.58	0.58	0.43	0.43	0.43	9.48
Φ12（t）	2.02	2.02	2.02	2.02	2.02	2.02	2.02	2.02	2.02	2.02	1.69	1.69	1.26	1.26	1.26	27.43
砼方量（m³）	106.5	103.5	103.5	103.5	103.5	103.5	103.5	103.5	103.5	103.5	85.5	85.5	63	63	63	1222
护壁Φ12（t）	1.74	1.74	1.74	1.74	1.74	1.74	1.74	1.74	1.74	1.74	1.43	1.43	1.06	1.06	1.06	23.40
护壁砼方量（m³）	31.05	31.05	31.05	31.05	31.05	31.05	31.05	31.05	31.05	31.05	25.65	25.65	18.9	18.9	18.9	418.5

说明：
1. 图中高程以m计，结构尺寸以mm计。
2. A1~A15号抗滑桩间设置挡土板，长5.2m，宽0.50m，厚0.35m，平均入土3m。挡土板与抗滑桩间搭接长度为500mm，A型抗滑桩顶埋入地面以下0.5m。
3. 抗滑桩砼采用C30，砼保护层净厚度为50mm，主筋采用HRB335，箍筋采用HPB300。
4. 护壁砼采用C25，砼保护层厚度为20mm，钢筋采用HPB235。
5. 采用人工挖孔桩间需开挖施工。
6. 根据勘察资料和勘察期间地下水位在9.00~11.50m之间，故在挖桩时要注意水位变化，及时排除孔内积水。当滑体底部富水性较差时，可采用孔内方直接排水；当滑体富水性好，水量很大时，宜采用桩外管井降水泵排水。地下水集中渗漏处，应采用引管将水引出后再做井壁护壁支护。
7. 未尽事宜，应严格遵照国家现行规程规范执行。

工程名称		A滑坡工程初步设计		图号	图8-5
设计		图名	A型抗滑桩工程横剖面布置图		
校核					
审核		设计单位		日期	
审定					

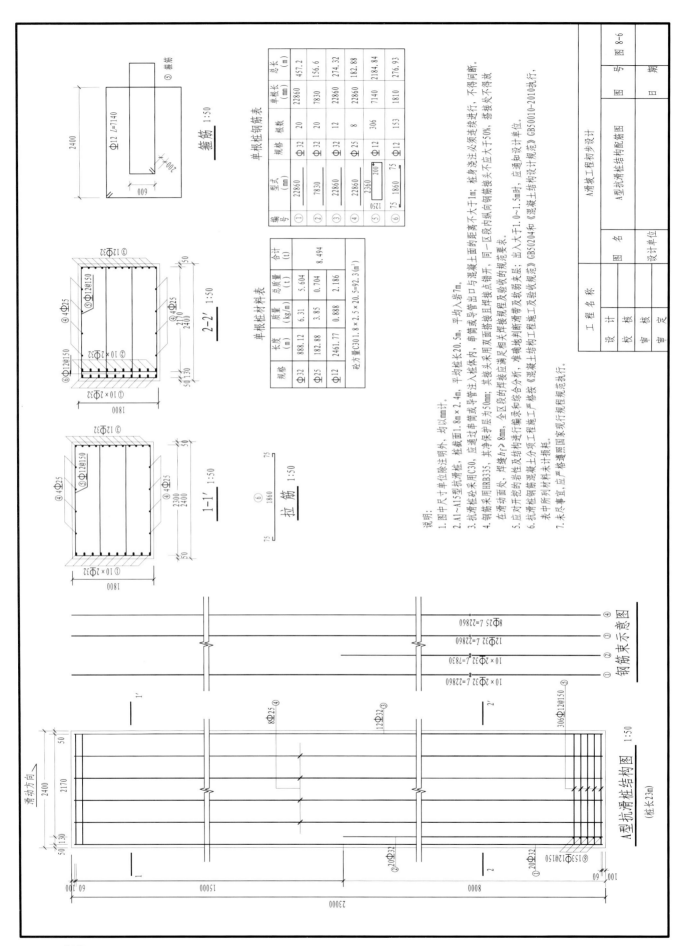

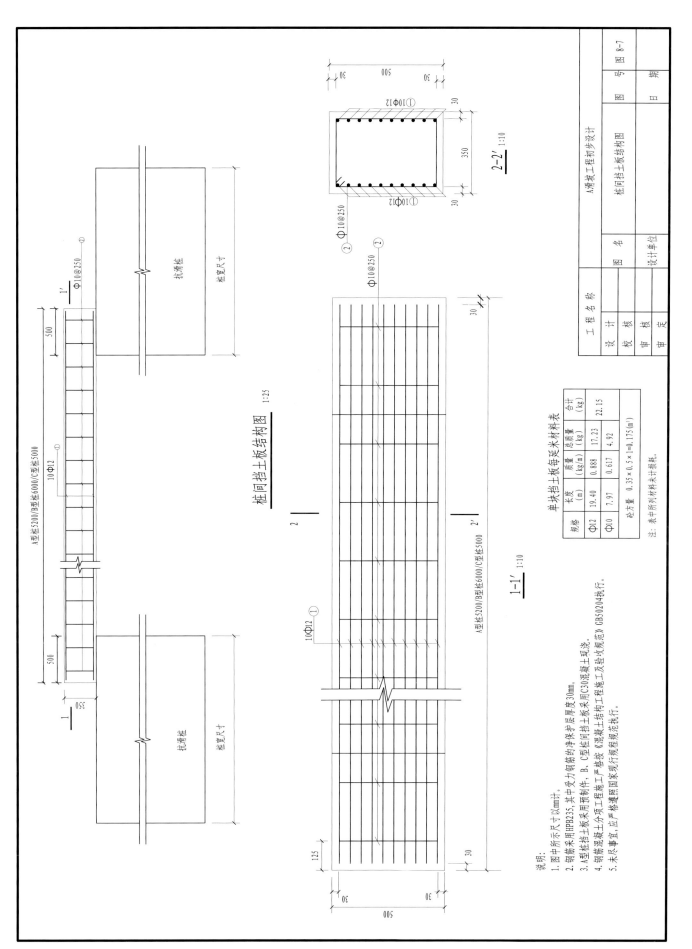

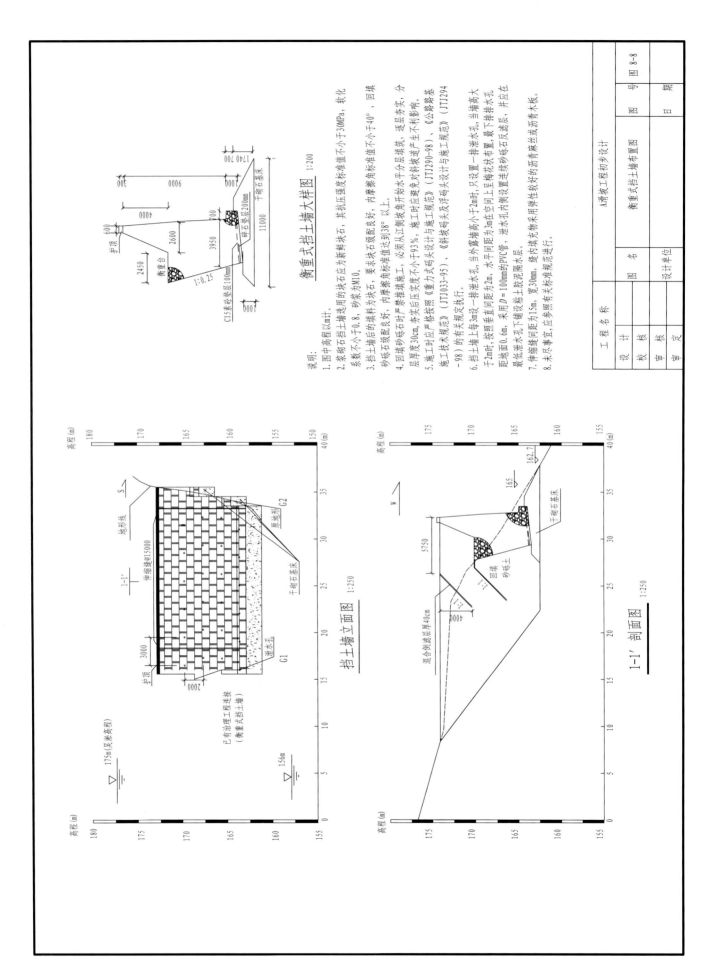

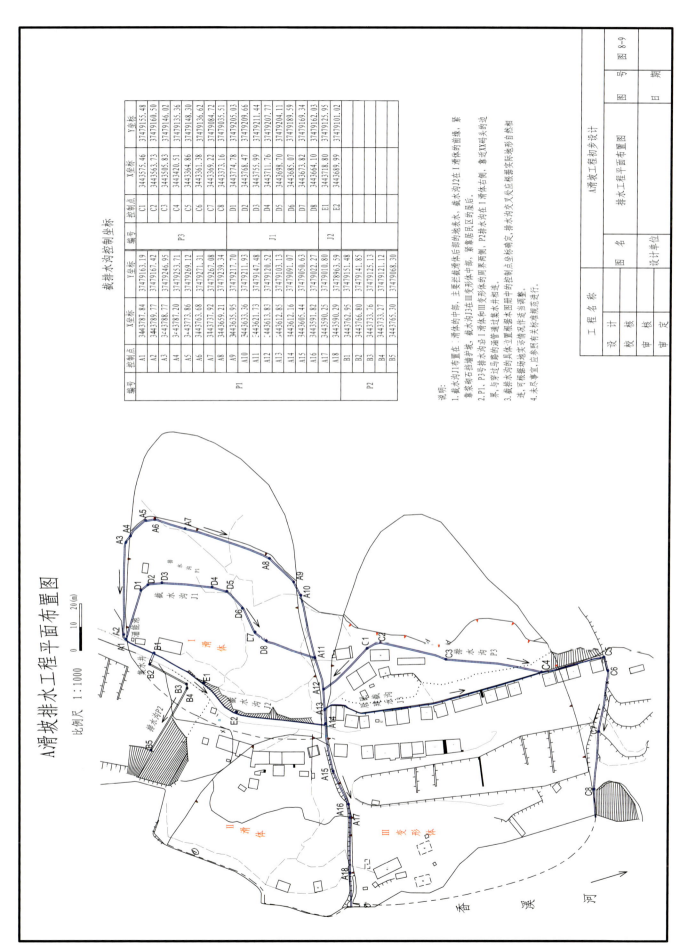

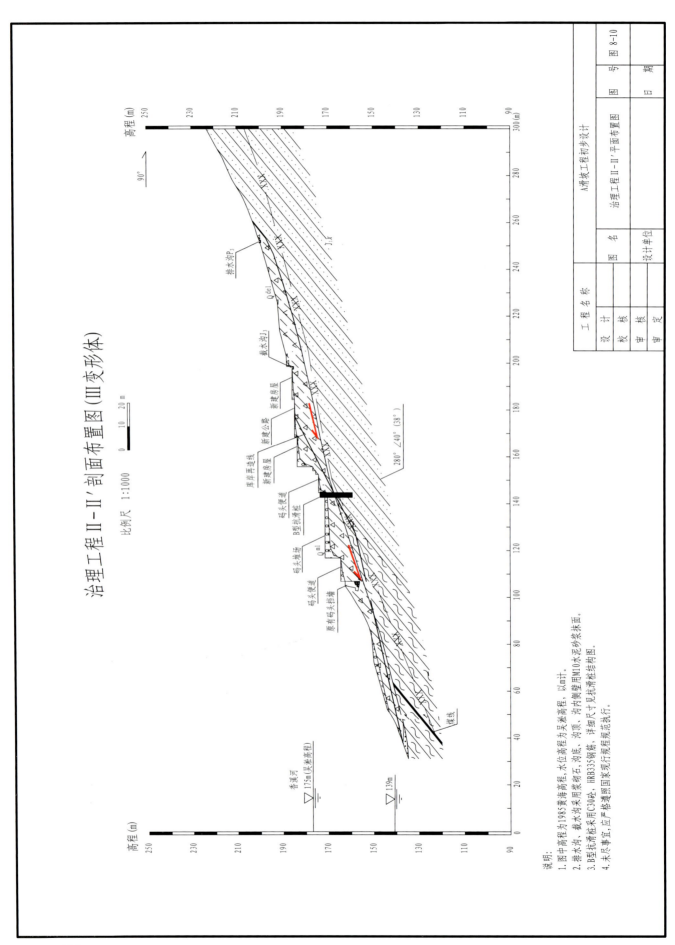

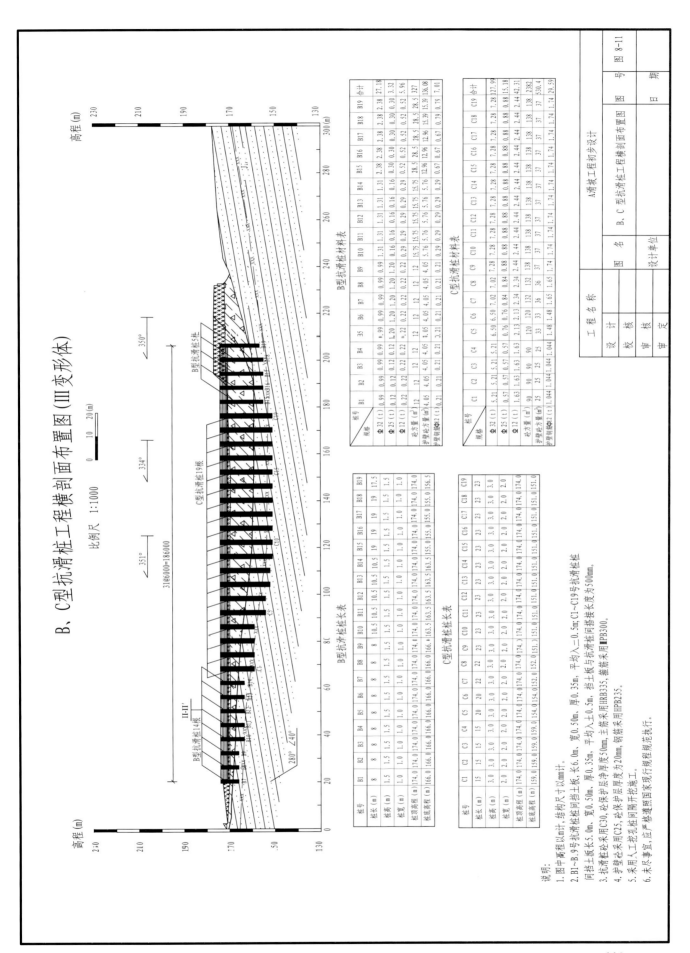

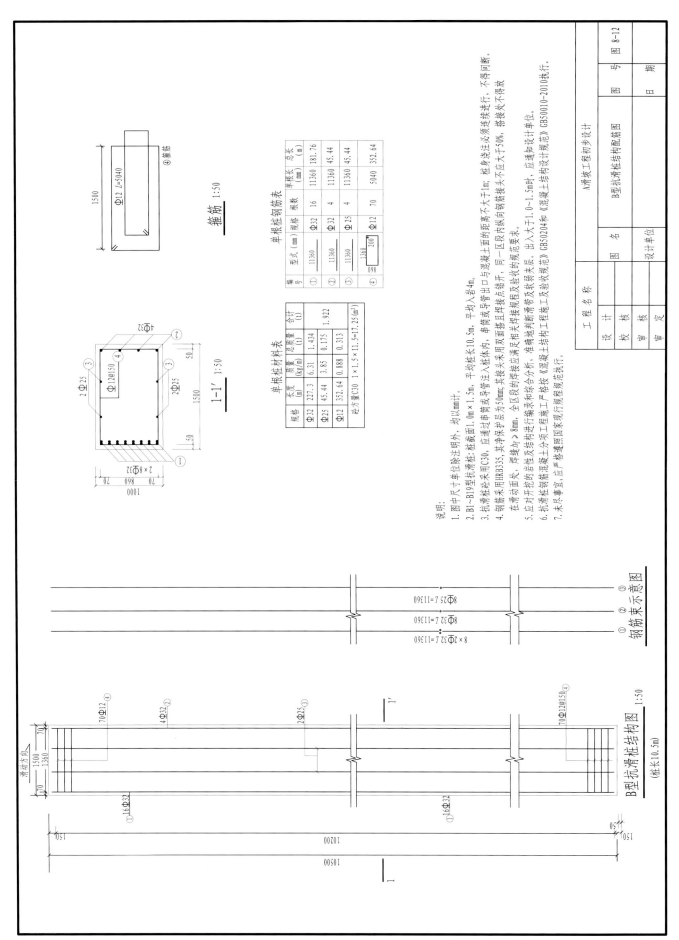

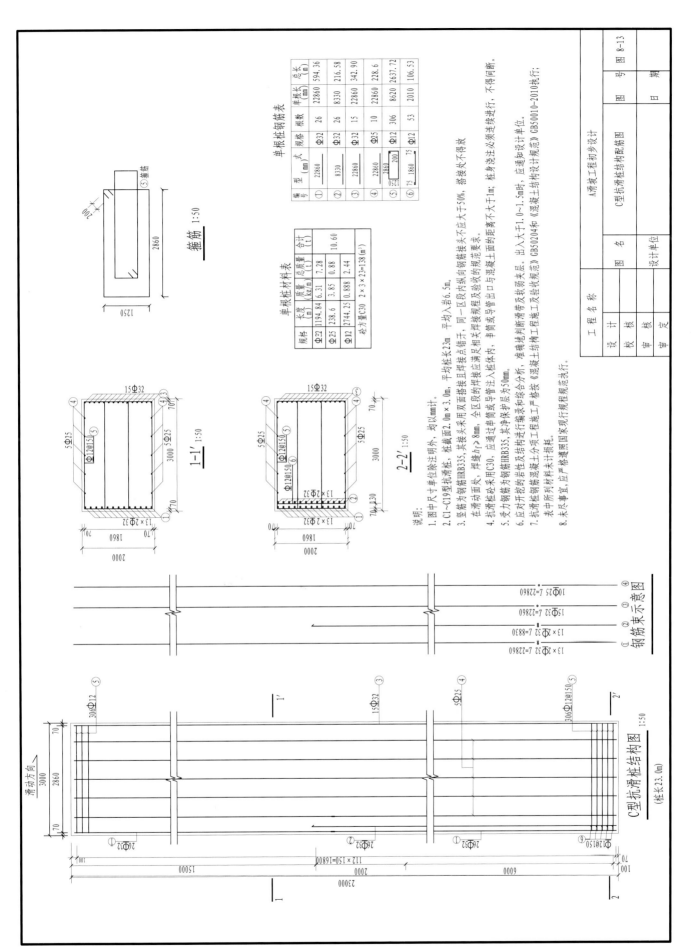

四、主要工程量

A 滑坡治理工程主要工程量如表 8-1 所示。

表 8-1 A 滑坡治理工程主要工程量

项目		单位	工程量	备注
抗滑桩工程	钢筋	t	438.81	
	桩身混凝土 C30	m³	4 256.52	
	护壁混凝土 C25	m³	1 107.79	
	护壁模板	m³	4 961.87	
	开挖土方	m³	2 556.50	
	开挖石方	m³	1 353.50	
挡土墙工程	人工挖沟槽	m³	1 534.13	
	浆砌石	m³	264.51	
	伸缩缝	m²	1.17	
	弃土外运	m³	1 005.12	
	土方回填	m³	529.01	
	反滤层	m³	37.42	
	预埋 PVC 管 φ100	m	40.43	
排水工程	人工挖沟槽	m³	1 318.01	
	砂浆抹面	m²	2 744.07	
	浆砌石	m³	757.47	
	伸缩缝	m²	2.18	
	占地面积	m²	1 318.01	
监测工程	基准点观测墩	个	4	
	水平位移监测点	个	21	
	垂直位移监测点	个	21	
	地下水位观测井	个	2	

第二节　B滑坡治理工程设计参考实例

一、工程概况

B滑坡位于秭归向斜的东南翼，为单斜构造。滑坡周缘的基岩为侏罗系中-下统聂家山组（$J_{1-2}n$）泥岩、粉砂岩与长石砂岩不等厚互层。滑坡区地震基本烈度为Ⅵ度。滑坡上建有小学、移民新村，还有茂盛的果园。1998年暴雨期间，该滑坡的第一级一度复活，预测这一级在三峡水库蓄水后或遇持续强降雨时将再次复活，复活区向上发展或持续强降雨有导致滑坡第二至第四级失稳的危险，对滑坡上的小学及居民的人身财产安全构成了威胁，该滑坡必须立即予以治理。

该滑坡呈长条形，长730m，宽55～110m，体积$60×10^4 m^3$。滑坡两侧均发育有深切冲沟。该滑坡从下往上分为四级次滑坡（图8-14、图8-15），滑坡厚度一般为5.0～15.0m，第二、四级较厚，为15.0～25.0m，而且基岩面坡度陡，第一、三级前缘的基岩面坡度较缓。

滑坡物质大部分为碎块石土或扰动碎裂岩体。主滑带土厚20～60cm，多为勃性土、砾质勃性土，具有连续的滑动面。

二、工程布置及结构设计

该滑体选择格构锚固加预应力锚拉抗滑桩支挡作为工程治理方案。

1. 预应力锚拉抗滑桩

预应力锚拉抗滑桩布置于滑体第四级的前缘。桩布成一排，桩顶高于地面6m，共布9根桩，其中两侧缘2根桩为悬臂式抗滑桩，其余7根桩为预应力锚拉抗滑桩（图8-16）。桩截面为2.00m×3.00m的矩形，桩中心距6m，桩长23.50m，其中嵌固段长9.50m，挡土段长14m，桩顶高于地面6m，滑体两侧缘随滑体厚度减小，桩长减短（参见图3-20）。抗滑桩的桩顶设一道钢筋砼连系梁，梁高2.0m，宽0.80m（下滑方向）。锚索桩桩顶加1 000kN级锚索两根，锚索长35m（图8-18）。

锚索采用7×7φ5钢绞线。锚固段粘结材料为纯水泥浆，纯水泥浆与中等风化粘土岩的粘结强度取800kPa，钻孔直径130mm，锚固段有效长度8.00m，锚固段置于中等风化岩体内（参见图2-9）。

2. 格构锚固

格构锚固系统设置在滑体第二级前缘路堑边坡上，根据横向荷载实际情况，需布置60根1 300kN级锚索、65根600kN级锚索。1 300kN级锚索布置在滑体中间下滑力大的部位，共10列。600kN级锚索布置在滑体两侧，左侧布6列，右侧布5列。锚索竖向间距4.00m，横向间距3.50～4.00m，满足锚索间距要求。锚索倾角20°，锚索长35.0～40.0m。格构梁纵横正交呈"井"字形，紧贴在坡面上，锚索设在纵横梁的十字交点上。滑体中间格构梁截面尺寸为0.60m×0.80m（图8-17），滑体两侧格构梁截面尺寸为0.50m×0.70m，梁高的一半嵌入地表面以下，格构框格内做浆砌块石护面，厚0.30m，其下砂砾石垫层厚0.10m。

3. 地下排水硐

地下排水硐在滑体第二级次滑坡左侧冲沟边，硐纵轴线与地下水流向大角度相交，硐底板纵坡不小于3‰，硐底贴近基岩面，硐长60m，净宽1.8m，净高2.7m，用钢筋砼衬砌。沿洞深每隔3m打3个排水孔，孔深8.0m；硐边墙每隔2m打2个排水孔。孔径110mm，孔内安装带孔塑料花管（参见图6-9）。

格构锚固加锚索抗滑桩支挡方案工程量如表8-2所示。

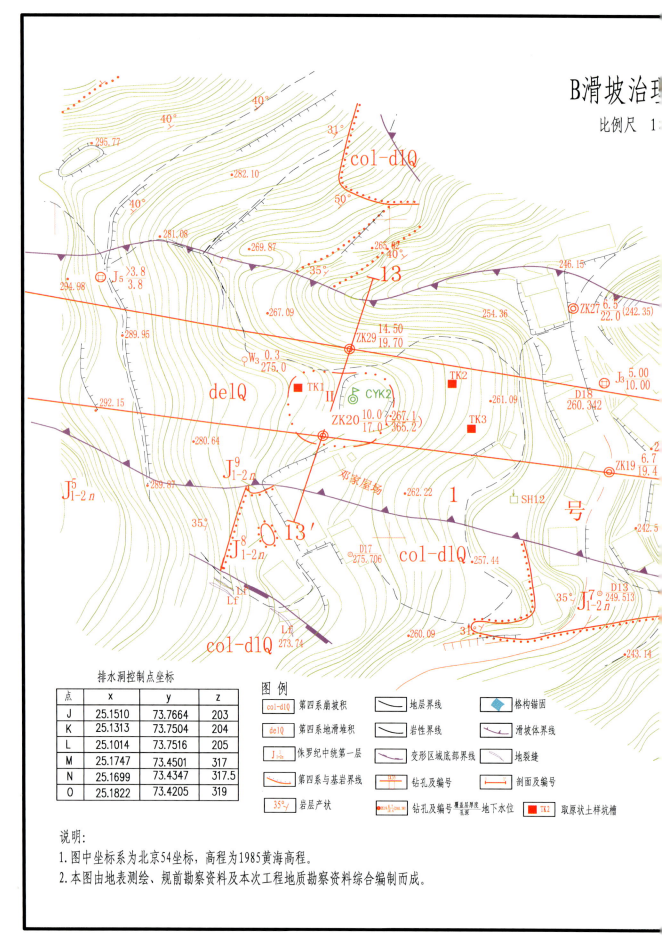

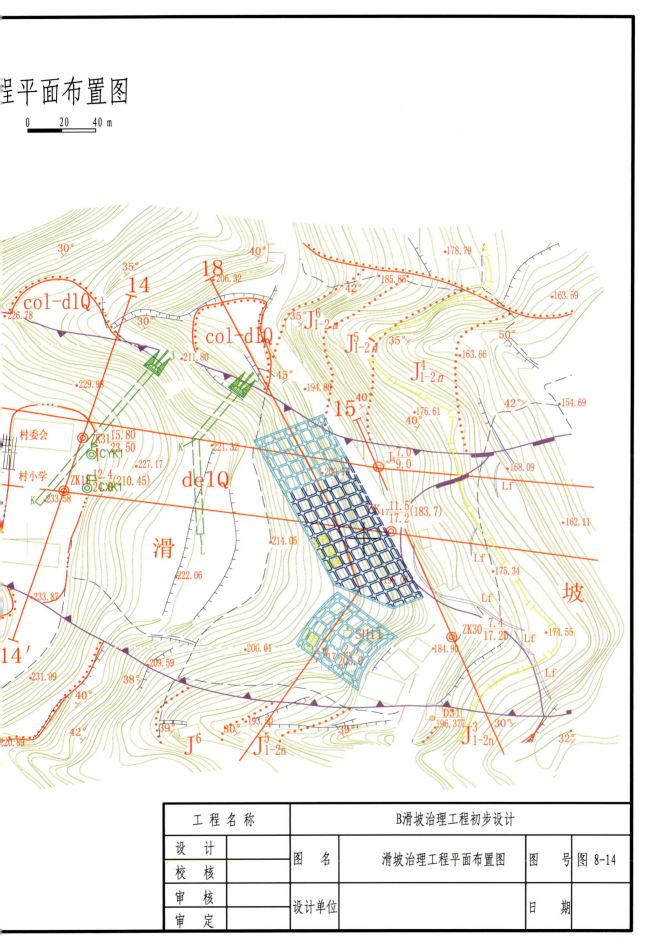

工程名称		B滑坡治理工程初步设计		
设 计		图 名	滑坡治理工程平面布置图	图 号 图8-14
校 核				
审 核		设计单位		日 期
审 定				

表 8-2 格构锚固加锚索抗滑桩支挡方案主要工程量

序号	项目	单位	数量	备注
一	预应力锚索			
1	600kN 级锚索	根	65	4×7φ5 钢绞线，φ130，$L=35m$
2	1 300kN 级锚索	根	60	9×7φ5 钢绞线，φ150，$L=40m$
二	钢筋砼格构梁			
1	现浇 C25 砼梁	m³	535.00	
2	钢筋	t	25.50	为格构梁的配筋
3	人工挖基槽	m³	300.00	
4	坡面适当修整	m³	2 000.00	
5	M7.5 浆砌块石护面	m³	900.00	
	砂砾石垫层	m³	300.00	
三	预应力锚拉抗滑桩			截面 2.0m×3.2m，桩长 24m，共 9 根桩，其中 6 根桩加锚索
1	1 000kN 级预应力锚索	根	14	φ130，7×7φ5，$L=35m$
2	现浇 C20 砼抗滑桩	m³	1 189.00	
3	钢筋	t	97.80	为桩的配筋
4	现浇 C20 砼护壁	m³	200.00	
5	Ⅰ级钢筋	t	6.00	
6	人工挖桩井土夹石	m³	620.00	
7	人工挖桩井岩石	m³	430.00	
四	钢筋砼连系梁与挡土板			设于上一级锚索桩顶
1	现浇 C20 砼	m³	115.00	
2	Ⅱ级钢筋	t	5.50	
3	基槽开挖	m³	50.00	
4	回填土并夯实	m³	200.00	
五	排水硐（深 60m）			净宽 1.8m，净空 2.7m
1	硐口土方明挖	m³	50.00	碎块石土
2	现浇 C20 砼衬砌	m³	210.00	
3	钢筋制安	t	5.60	
4	硐脸边坡浆砌块石衬砌	m³	25.00	M7.5
5	平硐开挖	m³	432.00	
7	硐内排水孔及保护（φ91）	m	473.00	单孔深 8m

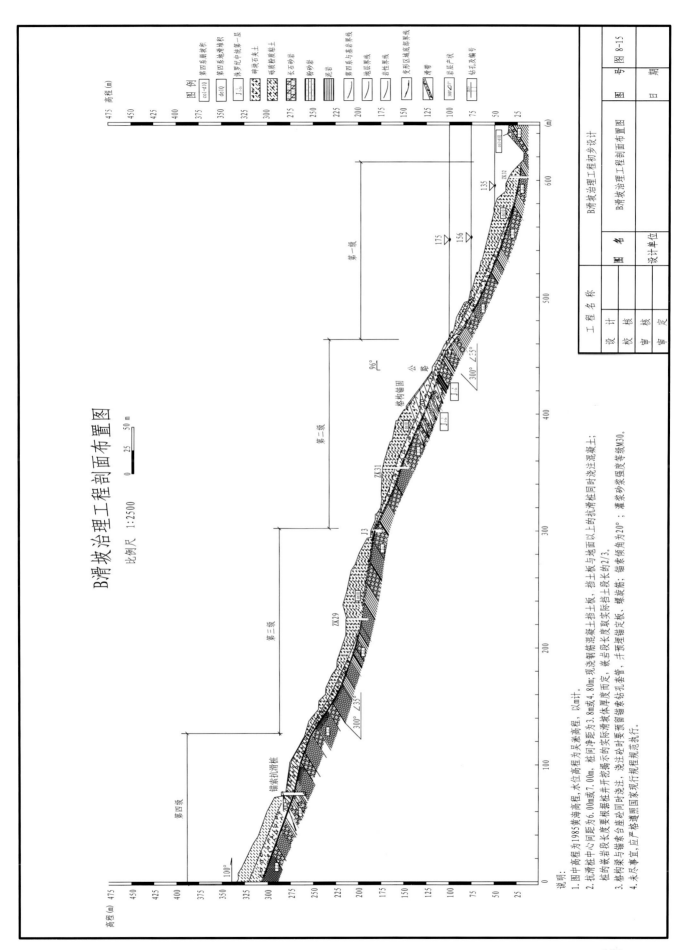

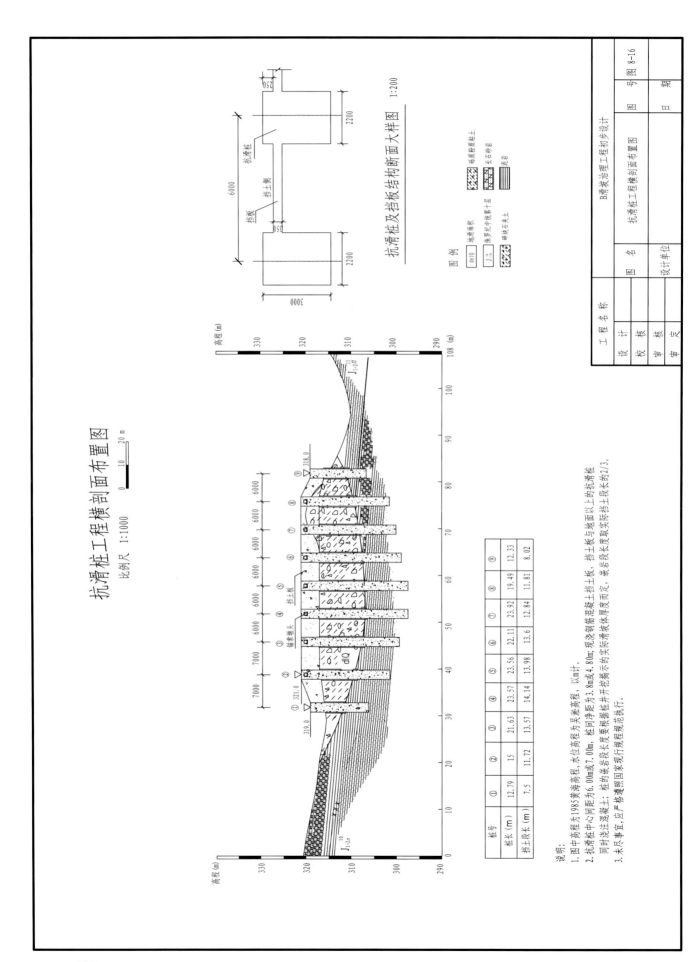

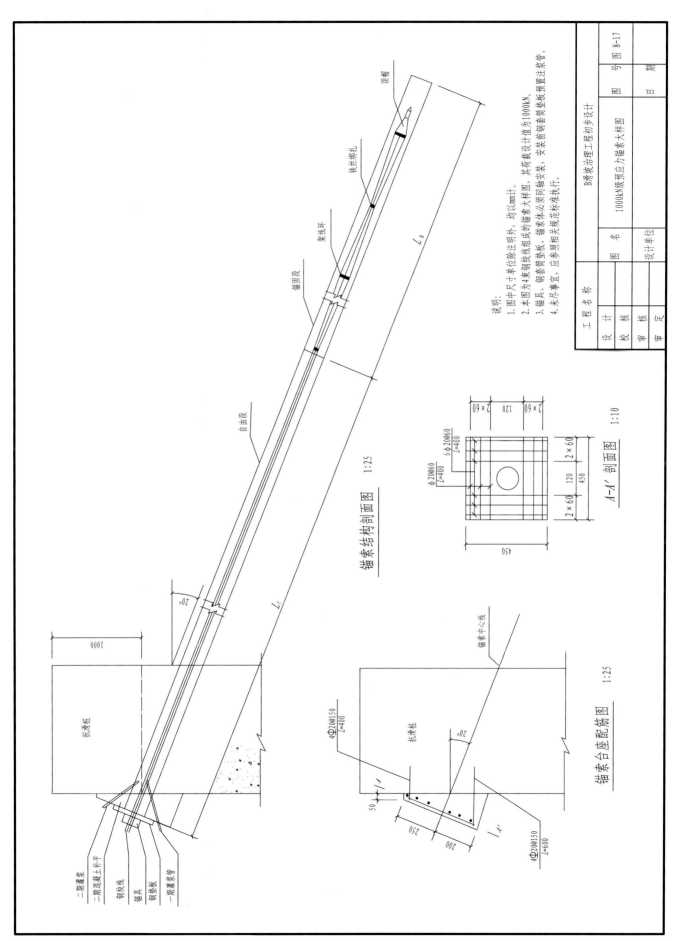

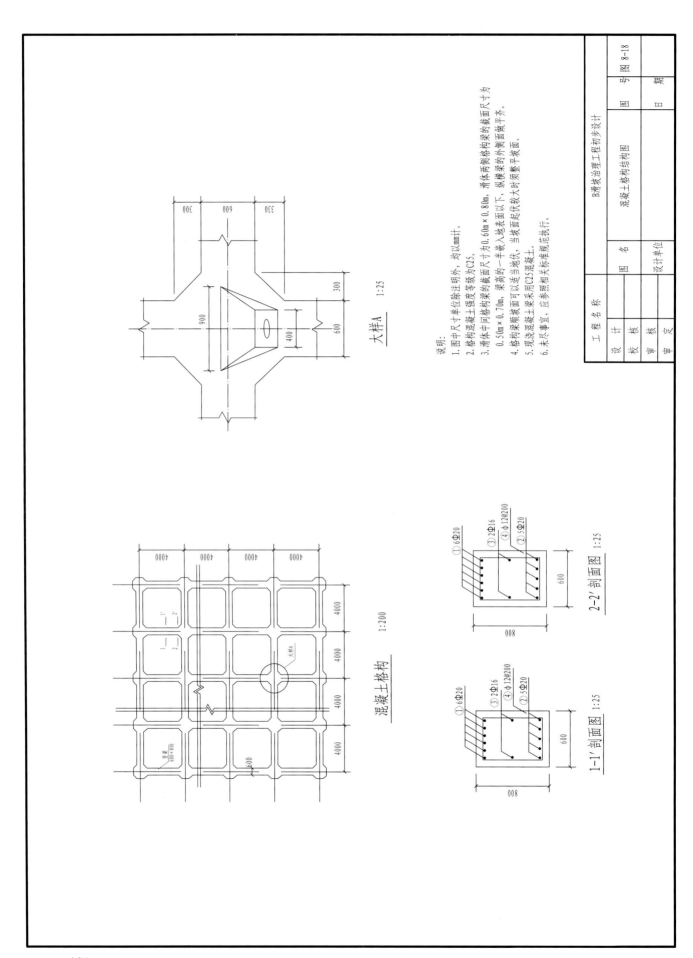

第三节　C危岩体治理工程设计参考实例

一、工程概况

C危岩体位于三峡库区长江右岸及其溪沟左岸交汇处，呈三面临空的孤立山，四周由公路、长江及其溪沟将其环抱，相对高差120m，平均坡度为45°～60°。陡崖裸露面积约18 000m²，崩塌危岩体规模92.5×10⁴m³。曾多次发生规模不等的崩塌和落石事件，威胁到大桥及过往车辆、行人的安全。

坡体由寒武系中统白云质灰岩、薄层泥灰岩组成。岩层产状260°∠25°，在危岩体中部和底部发育炭质页岩软弱层。在坡顶发育4条深大裂缝，岩体松弛、破碎，时有坠石现象发生。

二、工程布置及结构设计

1. 削方工程

2#裂缝至前缘、标高280～330m的危岩体，3#裂缝至2#裂缝之间、标高300～330m的危岩体，4#裂缝至3#裂缝、标高315～330m的危岩体，5#裂缝至4#裂缝之间、标高325～337m的危岩体均剥离掉，形成四级台阶，台阶高分别为20m、15m、10m、12m，其危岩体削方量约5.9×10⁴m³。并对1#裂缝隙前崩积体进行坡面整形，使其坡角小于35°（图8-19，图8-20）。

2. 锚索加固工程

根据锚固力及锚固段长度计算结果，设置两排锚索。单根锚索设计的锚固力为2 000kN，锚索分别采用13束的φ15.2mm的钢绞线，锚固段长7m，锚孔直径φ140mm，其中锚索总长度包括锚索内锚固段长度、自由段长度和为张拉施工预留长度，预留长度取1.5m（图8-21）。

3. 喷锚网护坡工程

（1）A型锚喷区。在危石清方、岩体较为完整区，采用挂网锚喷护坡。喷砼强度C20，厚150mm；挂网φ8@200×200，锚头拉筋φ25（图8-22）。

（2）B型锚喷区。在5#裂缝西侧局部岩体较为破碎且较集中的不稳定区，采用锚杆＋挂网锚喷护坡。锚杆长5m，锚杆须穿越破碎岩石进入稳定基岩2m，间距2.5m×2.5m，呈梅花形布设；喷砼强度C20，厚150mm；挂网φ8@200×200，锚头拉筋φ25（图8-23）。

对削方区临空面局部泥灰岩分布区域也采用锚杆＋挂网锚喷护坡，并在软弱层的分布段分别向下、向上外延2m，沿软弱层的走向外延10 m。锚杆长3.5m，间距2.5m×2.5m，呈梅花形布设；喷砼强度C20，厚150mm，挂网φ8@200×200，锚头拉筋φ25。

喷射砼面在所有裂缝处均设泄水孔，泄水孔倾角5°，倾向坡外，采用φ60mm PVC排水管，泄水孔呈梅花状布设。

4. 挡土墙

为了防止崩塌危岩体前缘临空面以下崩积物受雨水冲刷，在崩积体坡脚、公路内侧设置挡土墙。挡土墙高3.6m，顶宽1m，底宽2m。其中，地面以上挡土墙高3m，挡土墙内侧基础埋深0.7m，入岩不小于0.4 m，外侧基础埋深0.6m，入岩不小于0.2m，挡墙用Mu30以上石料、M10砂浆砌筑，表面勾缝。

在挡土墙壁外侧修建排水沟，排水沟采用水泥砂浆抹面，厚度不小于3cm。挡土墙设两排泄水孔，由混合碎石层、砂层组成反滤层，泄水孔倾角5°，倾向墙外，采用φ110mm PVC排水管，排距1m，间距2m，上下两排交错布设。

每隔20m设置伸缩缝，缝宽30mm，内置厚20mm的沥青杉木板（图8-24）。

5. 清除危石

由于崩塌危岩体北侧沿秭巴公路段的陡崖局部岩体较为破碎，需要对不集中的次稳定区的松动危

C危岩体治理

比例尺 1:

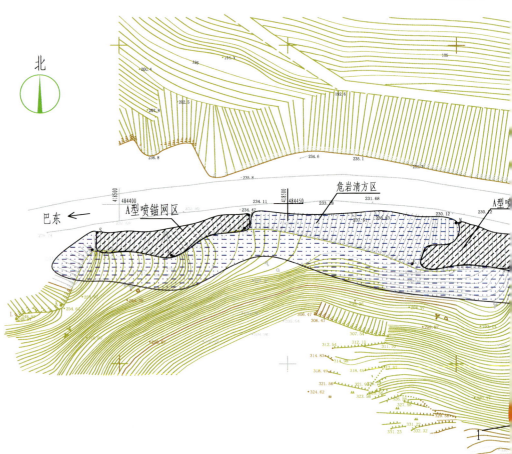

治理工程量表

编号	名称	单位	数量	备注
1	危岩体削方	m³	59112	
2	危岩体清方	m³	3200	
3	崩积体削方	m³	4025	
4	土方回填	m³	2290	
5	锚索 L=25m	根	11	2000kN级
6	锚索 L=23m	根	12	2000kN级
7	A型喷锚网	m²	3259	
8	B型喷锚网	m²	1850	
9	裂缝充填	m³	80	
10	螺纹钢	t	50.42	
11	φ8钢筋	t	20.15	
12	浆砌石	m³	1404	挡土墙、排水沟浆砌格构
13	泄水管	m	1697	挡土墙、排水沟喷锚网

危岩体治理控制点坐标

编号	纵坐标X	横坐标Y
A	418410	484523
B	418428	484569
C	418452	484559
D	418481	484523
E	418482	484487
M	418489	484523
N	418494	484500
R	418497	484439
S	418491	484391
H	418486	484392
L	418475	484376

图例

 锚索200kN

A型喷锚护

B型喷锚护

挡土墙

危岩清方区

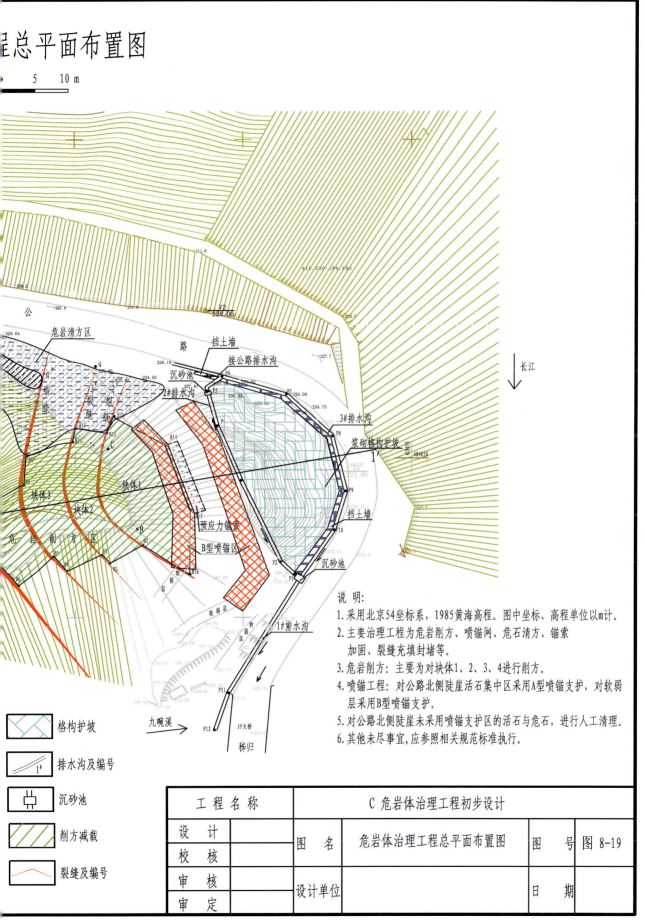

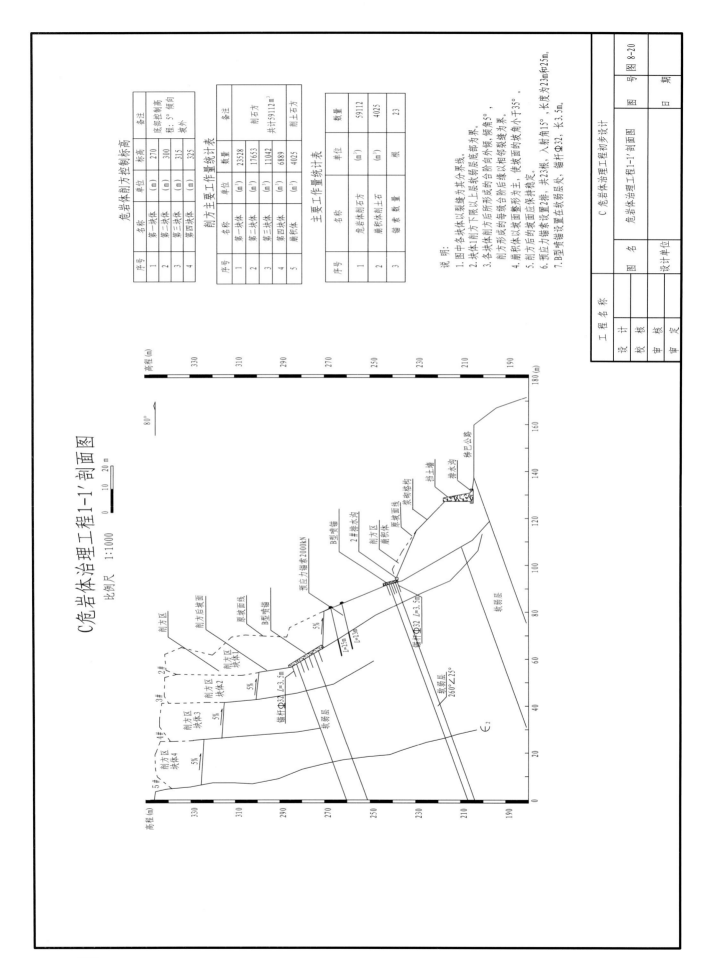

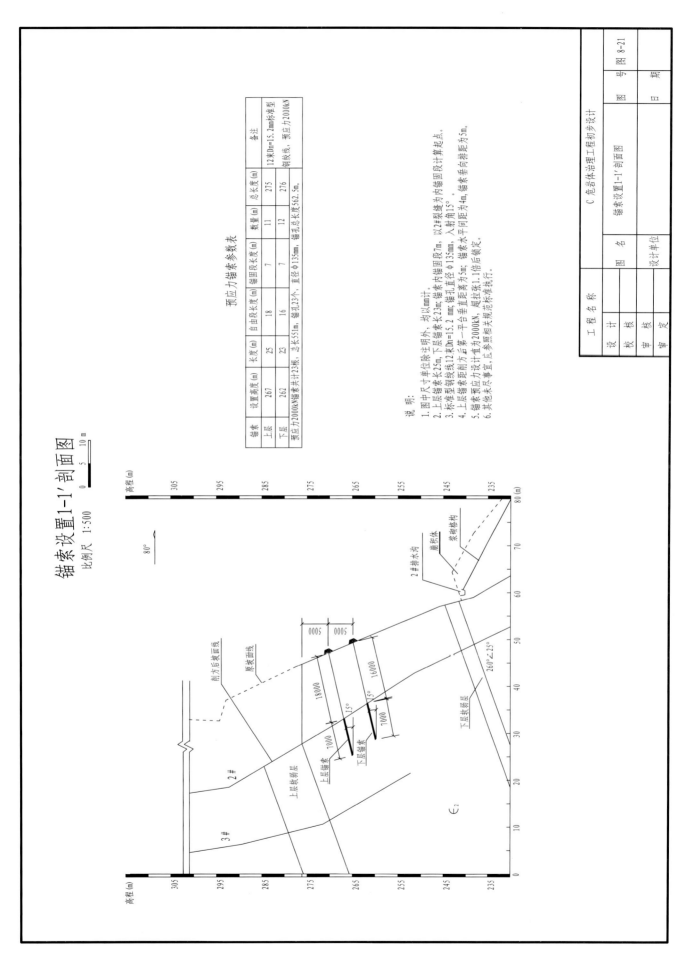

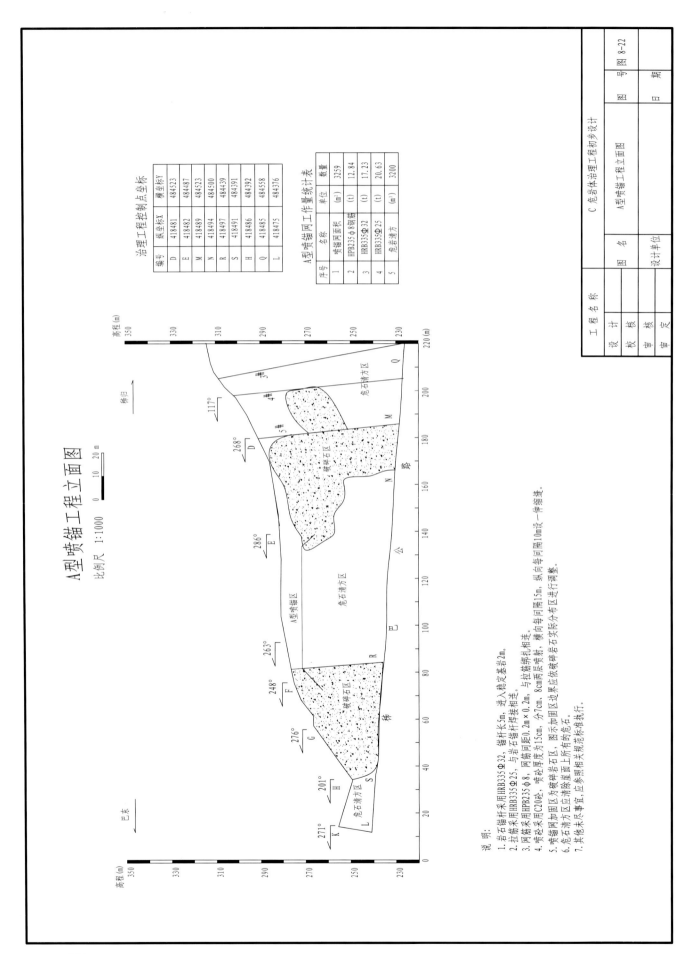

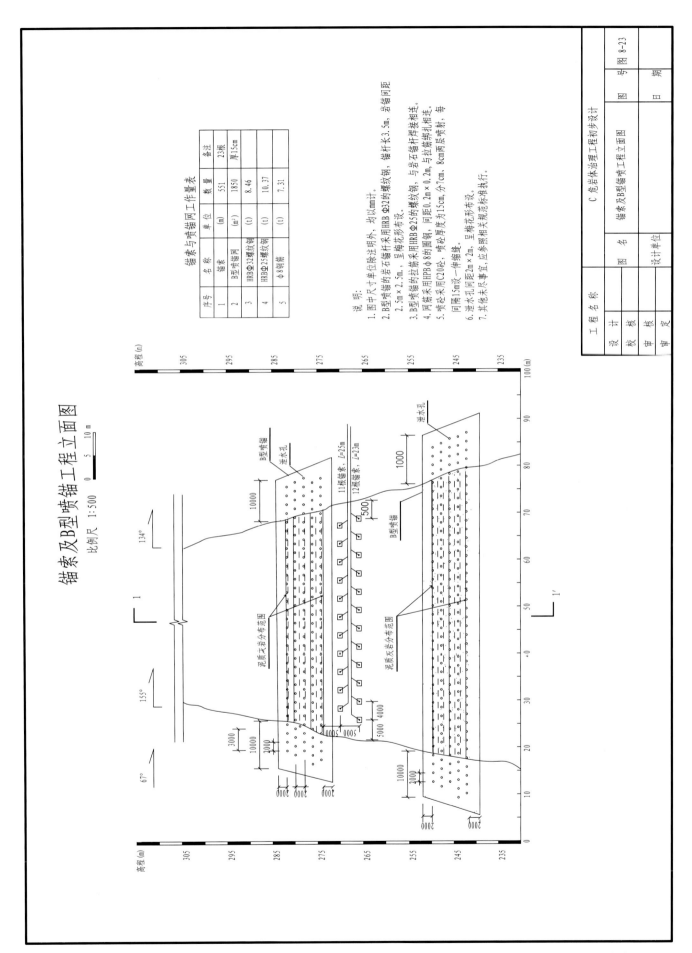

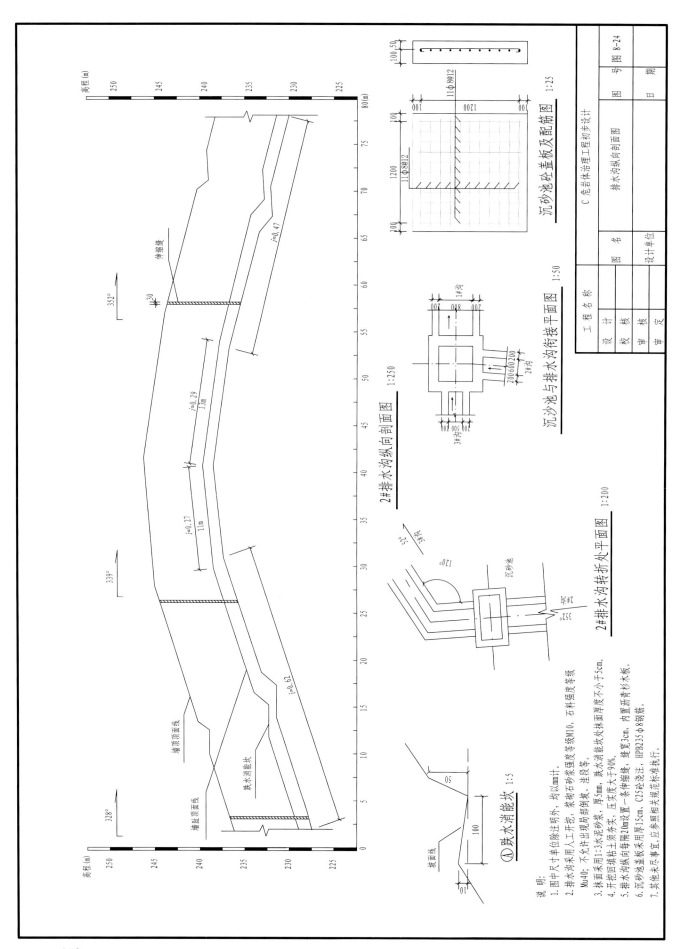

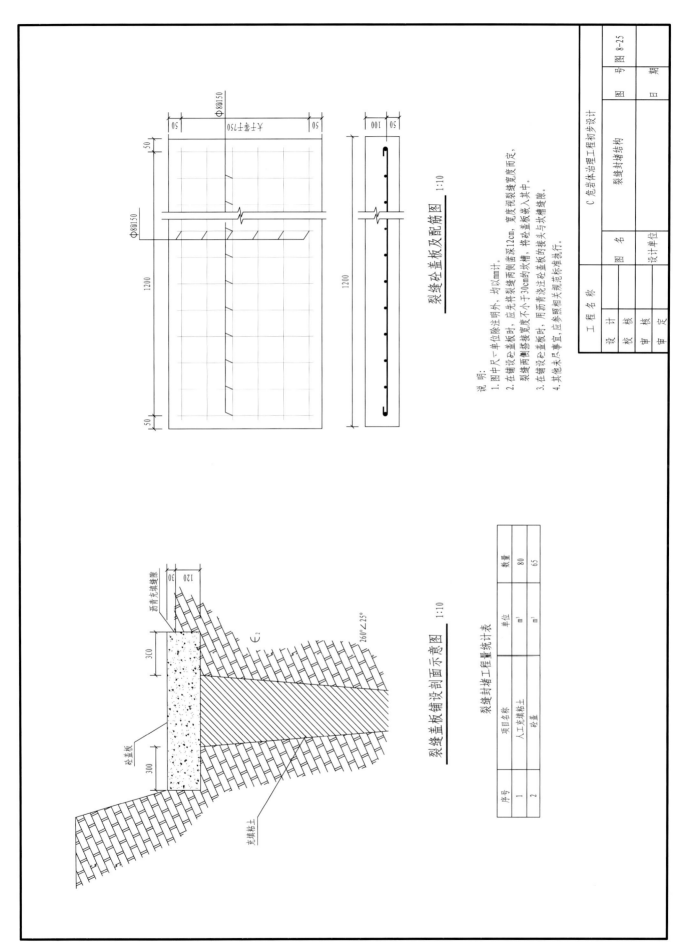

石、抬头石等活石进行清除。危石清除采用由上至下、小方量人工清除，清除危石时在公路内应设立防护网及警戒线，由专人在危岩崩塌区两端进行跟班监视，出现险情时及时阻止过往车辆与行人通行。

6. 浆砌格构

对崩塌危岩体前缘临空面以下崩积物，首先对崩积体坡度较陡的位置进行削方，使其坡度小于35°，然后采用浆砌格构护坡，格构截面为400mm×300mm，顺坡向间距为4m，水平方向为3m，浆砌格构嵌入坡体0.4m。在框格内进行植被绿化。

7. 充填裂缝

对崩塌危岩体上的2♯、3♯、4♯、5♯主裂缝均采用粘土进行充填并夯实；在裂缝顶部铺设现浇砼盖板，砼盖板宽分1000mm、800mm及600mm三种规格，厚150mm，采用$\phi 8$钢筋及C25砼浇注；铺设时在裂缝两侧凿深80mm沟槽，其宽度根据裂缝所采用砼盖板确定（图8-25）。

三、主要工程量

C危岩体治理工程主要工程量如表8-3所示。

表8-3 C危岩体治理工程主要工程数量表

编号	名称	单位	数量	备注
1	危岩体削方	m³	59 112.00	
2	危岩体清方	m³	3 200.00	
3	崩积体削方	m³	4 025.00	
4	土方回填	m³	2 290.00	
5	锚索 $L=25$m	根	11	2 000kN级
6	锚索 $L=23$m	根	12	2 000kN级
7	A型喷锚网	m²	3 259.00	
8	B型喷锚网	m²	1 850.00	
9	裂缝充填	m³	80.00	
10	螺纹钢	t	50.24	
11	$\phi 8$HPB235级钢	t	20.15	
12	浆砌石	m³	1 404.00	挡土墙、排水沟、浆砌格构
13	泄水管	m	1 697.00	挡土墙、排水沟、喷锚网

第四节 D塌岸防护工程设计参考实例

一、工程概况

该岸坡位于长江三峡巫峡与西陵峡之间的过渡地带，地貌上属构造侵蚀中山峡谷区，山顶高程700～1 230m，相对高差600～800m。

此段库岸地层岩性主要为三叠系中统巴东组第二段泥质粉砂岩，基岩内多发育有软弱夹层或错动带，其成因主要为泥岩夹层遇水软化形成，其性状特征为风化的碎块石夹粉质粘土，土石比3：7～4：6，碎块石表面有泥膜，碎块石的成分以泥质粉砂岩、粉砂质泥岩为主，土的含水量较高。塌岸类型属于侵蚀型、滑移型库岸。塌岸全长约1 600m，塌岸预测宽度182.2m。主要会对居民、房屋、货运码头、公路等造成威胁。

二、工程布置及结构设计

根据不同岸坡各段的物质组成、岸坡结构和破坏形式，采取不同的治理工程措施。治理方案为钢筋混凝土格构锚护坡＋挡土墙＋削坡整形＋地表排水＋监测工程（图8-26）。

1. 钢筋混凝土格构护坡设计

根据塌岸预测的结果确定锚杆钢筋混凝土格构护坡的底界和顶界，一般确定在180～190m高程附近。格构内干砌石护坡，在护坡工程底部设置浆砌石脚墙，坡顶部以混凝土格构梁封边（图8-27，图8-28）。

格构框格呈正方形布设，格构纵横间距3m×3m，梁截面300mm×450mm（宽×高），格构嵌入地面以下100mm（图8-29）。格构底部直连接在护坡底部的浆砌石挡土墙顶。格构梁混凝土为C25，采用双面配筋，上部纵筋2ϕ16，下部纵筋2ϕ14，箍筋ϕ6@150。每12m为一个格构单元，单元之间设置伸缩缝，缝间采用沥青杉木板填实。框格内用干砌石护面，干砌石护面厚度300mm。

2. 锚杆设计

格构锚杆主要考虑承受格构护坡在自重作用下沿坡面的下滑力，在格构交叉点布设锚杆。锚杆长度采用6m、9m两种规格相间布设（图8-30）。孔径为110mm，内置一根ϕ32（HRB335）钢筋，锚杆布设角与坡面垂直，灌注M30水泥砂浆，设计锚固力70kN。

3. 挡土墙设计

挡土墙按重力式挡土墙进行设计。在A段护坡脚168m水位一线设置脚墙，墙型采用A型挡土墙，墙高2.5m；在B段175m水位一线布设B型挡土墙，墙高4.5m，起到护坡及防浪效果（图8-31）。

4. 排水沟设计

依据县气象局提供的降雨数据，进行各沟段汇水面积设计流量计算。通过汇水面积及设计降雨强度验算最小排水沟截面，在进行沟道设计时还考虑了坡体中上部汇水，并结合现有沟道形态进行设计，最终确定截（排）水沟为A、B、C三种排水沟。墙型净断面分别为0.8m×0.8m、1.2m×1.0m、1.5m×1.2m，墙厚均为0.5m。共设置4条纵向排水沟。

5. 削方整形

护坡工程总体上应避免大挖大填，尽可能地随坡就势。在B段库岸，结合稳定性计算确定削坡整形范围和方量。对于局部陡缓相接部位实施填筑，填筑材料为碎块石土，填方应进行碾压，压实度不低于90%。

三、主要工程量

D塌岸防护工程主要工程量如表8-4所示。

D 塌岸防护工程总

比例尺 1:1000

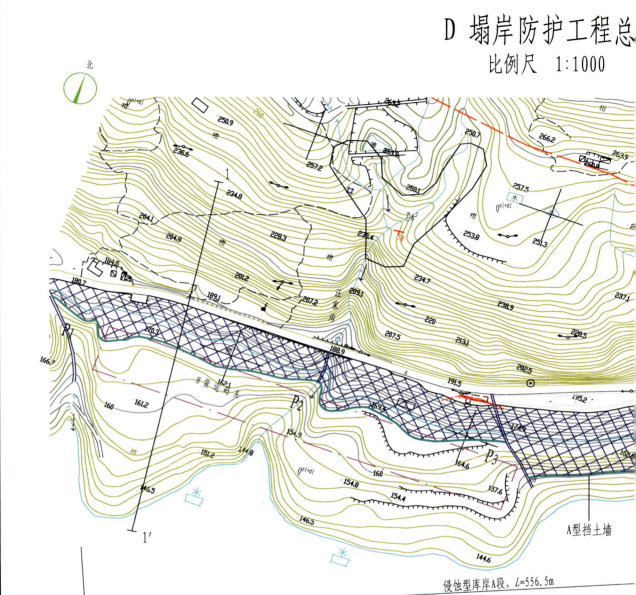

说明：
1. 图中坐标系为北京54坐标，高程为1985黄海高程。
2. 本治理工程主要由锚杆格构护坡工程、挡土墙工程、削方整形和排水工程组成。
3. 截排水沟分A、B、C三种，净断面分别为0.8m×0.8m、1.2m×1.0m、1.5m×1.2m。
4. 未尽事宜，应按设计报告和现行规范执行。

图例

符号	说明	符号	说明
⊠	干砌石格构锚护坡	▦	已实施挂网喷锚护坡
‖P₁	排水沟	╱	挡土墙
～	地面裂缝	～	库水位线
▨	削方整形	◯	已治理高切坡范围

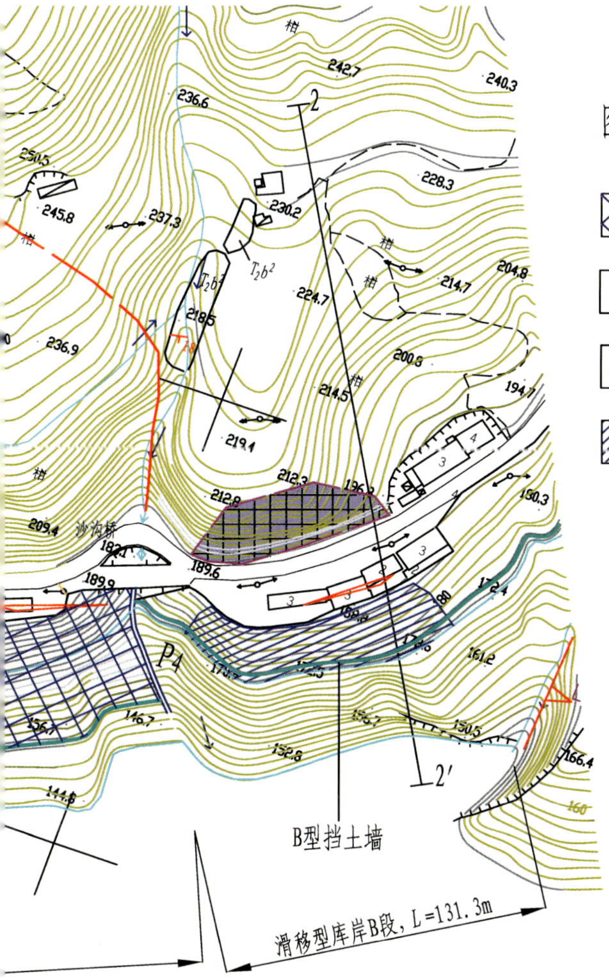

治理工程量表

编号	名称	单位	数量	备注
1	格构护坡	m²	23463	干砌石格构锚护坡
2	A型挡土墙	m	613	
3	B型挡土墙	m	206	
4	削方整形	m³	11603	
5	排水沟	m	251	

滑移型库岸B段，L=131.3m

工程名称	D塌岸防护工程初步设计		
设 计	图 名	塌岸防护工程总平面布置图	图 号 图8-26
校 核			
审 核	设计单位		日 期
审 定			

表 8-4　D 塌岸防护工程主要工程数量表

编号	工程或费用名称	单位	数量
1	排水沟工程		
1.1	人工挖倒沟槽土方（上口宽≤1m，槽深≤1m）	m³	1 817.90
1.2	伸缩缝	m²	4.00
1.3	浆砌块石	m³	1 467.80
1.4	弃土外运（2km）	m³	1 467.80
1.5	水泥砂浆抹面（平面）	m²	1 532.10
1.6	水泥砂浆抹面（立面）	m²	1 403.60
1.7	土方回填	m³	350.00
2	削方工程		
2.1	2m³ 挖掘机挖土自卸汽车运输 2km（Ⅲ类土）	m³	4 640.00
3	格构锚护坡工程		
3.1	人工挖一般土方人力挑运 20m	m³	1 710.80
3.2	土方回填	m³	936.90
3.3	弃土外运（2km）	m³	1 873.90
3.4	地面 6m 长砂浆锚杆——锚杆钻机钻孔（岩石级别Ⅴ～Ⅷ）	根	2 741
3.5	地面 9m 长砂浆锚杆——锚杆钻机钻孔（岩石级别Ⅴ～Ⅷ）	根	2 741
3.6	护坡框格混凝土浇注（C25）	m³	4 216.20
3.7	伸缩缝	m²	32.90
3.8	干砌块石（护坡）	m³	13 979.90
3.9	普通钢模板制作安装（一般部位）	m²	13 314.20
3.10	钢筋制作及安装	t	249.10
4	挡土墙工程		
4.1	人工挖倒沟槽土方（上口宽 1～2m，槽深不大于 1.5m）	m³	6 812.70
4.2	安装 φ100PVC 排水管	m	1 999.40
4.3	反滤层	m³	640.40
4.4	伸缩缝	m²	8.10
4.5	浆砌块石（挡土墙）	m³	6 041.10
4.6	土方回填	m³	3 188.00
4.7	弃土外运（2km）	m³	3 624.70
4.8	水泥砂浆抹面（平面）	m²	28.10
5	监测工程		
5.1	大地形变监测点建设	个	12
5.2	基准点建设	个	3
5.3	地下水文观测孔建设	个	9
5.4	深部位移监测孔建设	个	9
5.5	施工期监测	月	12
5.6	6 年效果监测（报告）	年	6

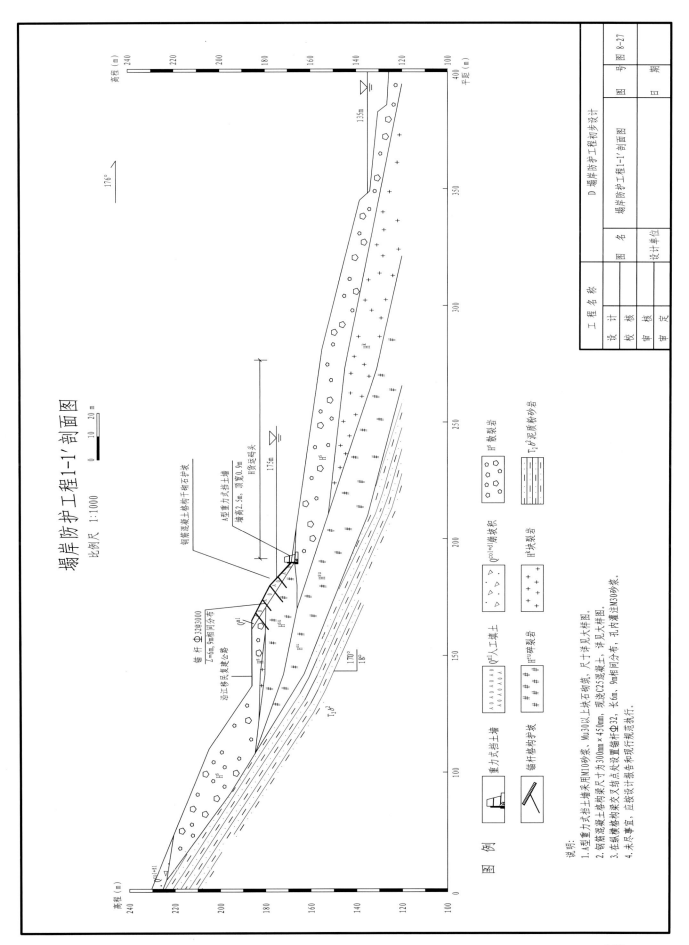

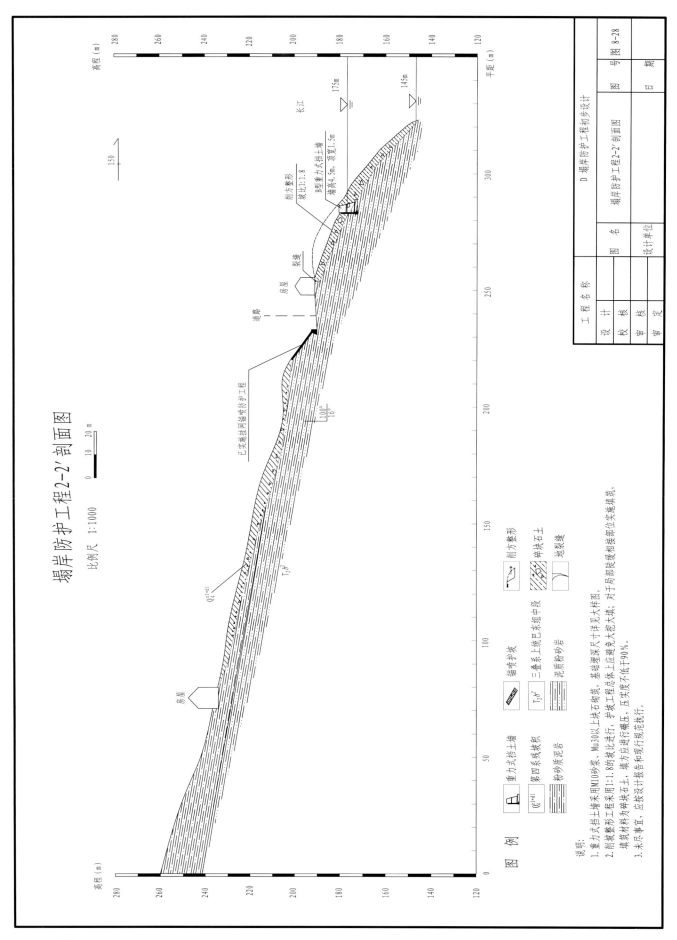

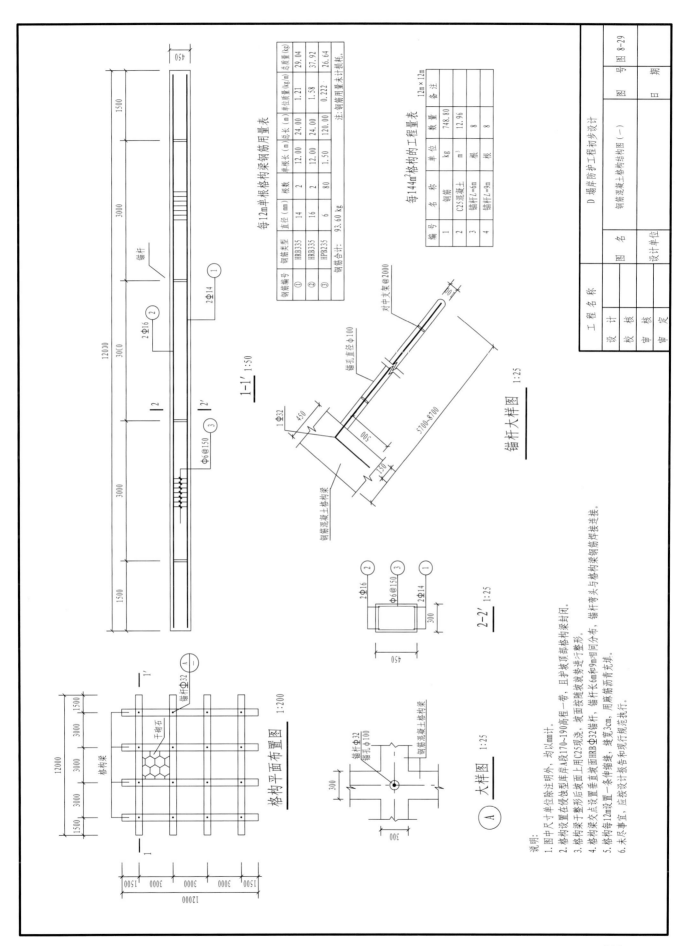

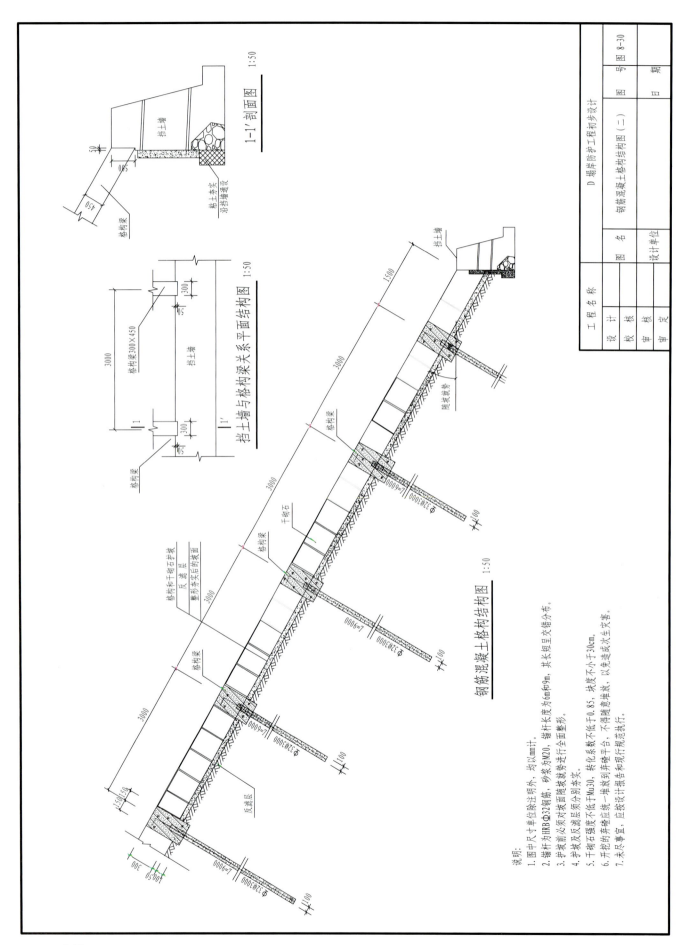

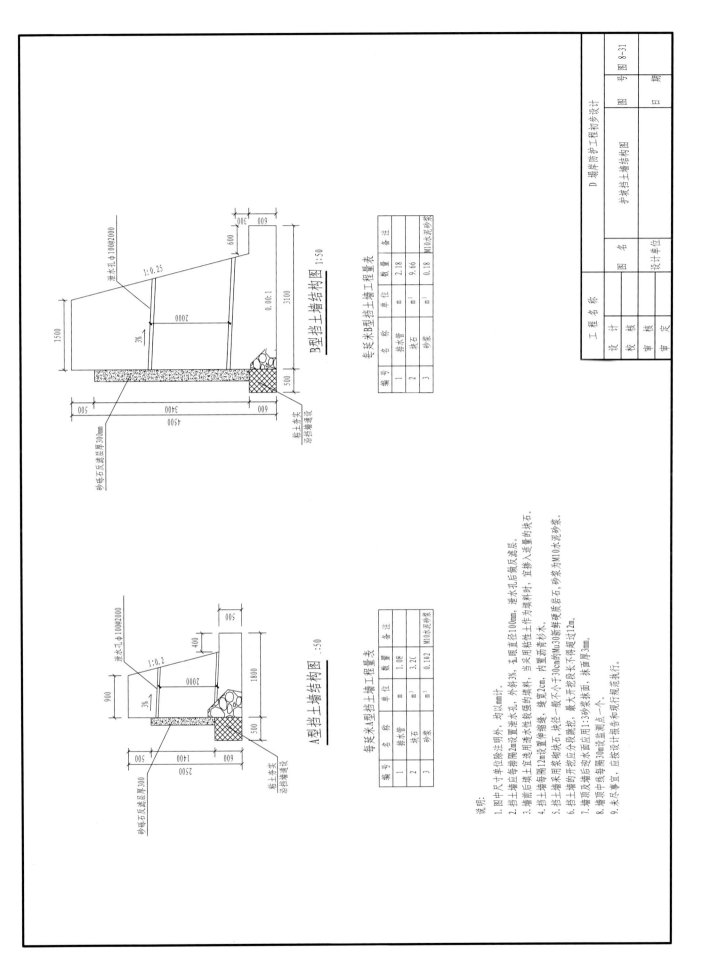

第五节 E泥石流治理工程设计参考实例

一、工程概况

E泥石流工程位于青海省玉树藏族自治州玉树县结古镇南部巴塘河东岸山地河谷地区。泥石流沟走向近北东—南西向，起点高程在4 195～4 820m之间，终点为巴塘河，高程在3 841～3 871m之间，泥石流沟流至前缘巴塘河。上游地形切割强烈，地势陡峻，沟谷切割较深，纵坡降大。受多发强裂地震影响，物源丰富，多为固体松散物质。在暴雨及地震条件下极易发生泥石流，造成巨大的经济损失。

二、工程等级标准

根据被保护对象的重要性及泥石流自身的活动规模与特点，综合确定其防治工程安全等级为二级。

三、工程地质

该泥石流工程属构造剥蚀中高山与巴塘河谷冲洪积平原地貌，山体较平缓，呈垄岗状展布；沟谷深切，多呈"V"形。区内出露地层为泥盆纪大理岩、三叠纪石英砂岩、板岩和第四系松散堆积物。

大地构造上处于巴颜喀拉地块，与羌塘地块毗邻，区内断裂构造发育。隶属青藏地震区青藏高原中部地震亚区的巴颜喀拉山地震带。带内地震发生的强度较大，地震活动较频繁。

四、工程总体布置

根据尼隆库泥石流的特点，确定拦挡坝＋防护堤的综合治理方案，工程具体布置如下。

1. 拦挡坝

沿沟共设4道拦挡坝（图8－32）。

1#、2#拦挡坝为钢筋混凝土重力式实体拦挡坝，C25混凝土浇注，坝高5.5m，净高4m。在河道主流处设置溢流口，坝身设置排泄孔，坝前设置护坦（图8－33至图8－35）。

3#、4#拦挡坝为格宾石笼重力式拦挡坝，3#坝坝高5.5m，净高4m；4#坝坝高4.5m，净高3m。由于格宾石笼本身具有良好的透水性，故坝身无须设置排泄孔，坝前设置护坦，在坝肩设置缓坡（图8－36至图8－38）。

2. 防护堤

根据保护对象所在位置，为保护禅古寺、道路和居民，在河道左岸设置1#防护堤，在沟口河道右岸设置2#防护堤。1#防护堤长511.8m，2#防护堤长85.8m；防护堤均采用浆砌块石砌筑（图8－32，图8－39，图8－40）。

3. 主要工程量

E泥石流治理工程拦挡坝工程量及防护堤工程量分别如表8－5、表8－6所示。

表8－5 E泥石流治理工程拦挡坝工程数量表

项目	混凝土坝			格宾石笼坝		
	1#坝	2#坝	总计	3#坝	4#坝	总计
拦挡坝工程	517.00	366.00	883.00	410.00	267.00	677.00
土石方开挖（m³）	458.00	446.00	904.00	492.00	363.00	855.00
土石方回填（m³）	183.00	179.00	362.00	197.00	145.00	342.00
土石方外运（m³）	303.00	297.00	600.00	308.00	244.00	552.00
坝后护坦（m³）	36.00	36.00	72.00	15.00	29.00	44.00

续表 8-5

项目	混凝土坝			格宾石笼坝		
	1#坝	2#坝	总计	3#坝	4#坝	总计
护坦土方开挖（m³）	36.00	36.00	72.00	17.00	32.00	49.00
护坦土方回填（m³）	8.00	8.00	16.00	4.00	6.00	10.00
100mmPVC管（m）	9.70	9.70	19.40	3.20	7.60	10.80
200mmPVC管（m）	86.80	66.70	153.50	/	/	/
500mmPVC管（m）	7.90	8.00	15.90	/	/	/
钢筋（t）	7.67	5.94	13.61	/	/	/

表 8-6 E 泥石流治理工程防护堤工程数量表

防护堤	浆砌块石（m³）	砂浆抹面（护顶20mm）（m²）	土方开挖（m³）	土方回填（m³）	土方外运（m³）	PVC管（m）	伸缩缝（m²）	长度（m）
1#	2 874.00	442.00	3 759.00	2 432.00	1 327.00	221.00	192.00	511.80
2#	482.00	74.00	630.00	408.00	222.00	37.00	32.00	85.80
总计	3 356.00	516.00	4 389.00	2 840.00	1 549.00	258.00	224.00	597.60

E泥石流治理工程总平面图

比例尺 1:5000

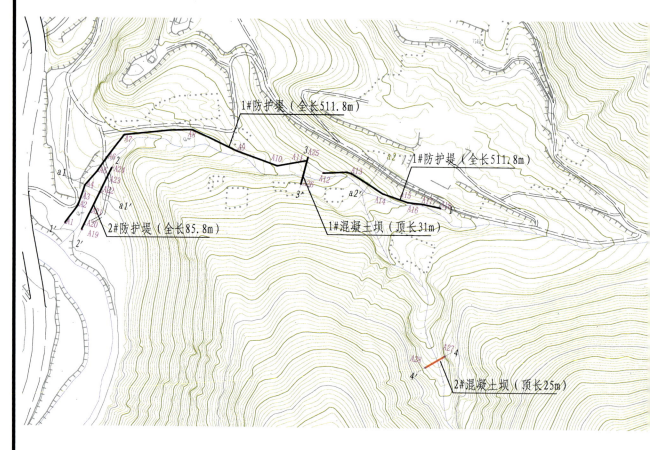

图例：防护堤及编号、拦挡坝及编号、桥涵及编号、道路、控制点、河道边界线、指北针、1—1′剖面线

工程量汇总表

项目	数量
土石方开挖（m³）	6319
土石方回填（m³）	3603
土石方外运（m³）	2701
C25混凝土（m³）	1034
C30混凝土（m³）	5
浆砌石（m³）	4033
PVC管（m）	457.6
钢筋（t）	14.01
抹面砂浆（m²）	516
伸缩缝（m²）	224

说明：
1. 地形图测量坐标系采用独立坐标系。
2. 本治理工程采用拦挡坝+防护堤+桥治理方案；沿沟共设4道拦挡坝，其中1#、2#坝为混凝土重力坝，采用C25混凝土，坝高4m；3#、4#坝为格宾石笼坝，3#坝坝高5.5m，净高4m，4#坝坝高4.5m，净高3m；出口段河道左岸设1#防护堤，右岸设2#防护堤，长85.8m；并在跨河公路设桥涵一座，桥长3.7m，宽5m，涵洞高2m，宽2.5m。
3. 拦挡坝、排导槽及防护堤布设位置、尺寸及埋深可根据实地情况作适当调整。
4. 未尽事宜，应参照有关标准规范执行。

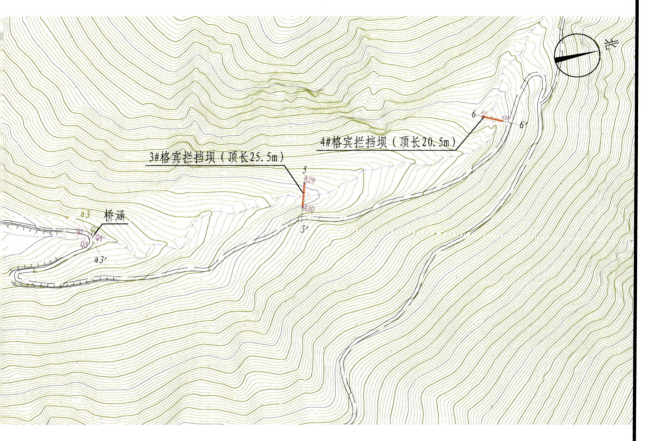

控制点坐标表

坐标		控制点	坐标		控制点	坐标		控制点	坐标	
X	Y		X	Y		X	Y		X	Y
47189.8	503265.1	A10	3647320.5	503495.7	A19	3647186.5	503286.7	A28	3647116.4	503725.3
47209.3	503279.8	A11	3647320.7	503527.1	A20	3647193.3	503288.2	A29	3647491.3	504328.3
47223.8	503278.9	A12	3647324.5	503550.0	A21	3647210.2	503291.5	A30	3647461.7	504333.1
47241.3	503277.1	A13	3647331.3	503583.0	A22	3647238.0	503297.1	A31	3647622.0	504513.0
47262.3	503287.9	A14	3647312.3	503625.7	A23	3647256.2	503300.7	A32	3647622.0	504539.0
47281.9	503294.5	A15	3647312.3	503656.0	A24	3647270.6	503303.6	Q1	3647368.4	504093.1
47314.1	503308.1	A16	3647312.7	503663.7	A25	3647338.7	503527.9	Q2	3647371.6	504096.9
47339.6	503385.2	A17	3647314.1	503673.5	A26	3647304.7	503528.0	Q3	3647365.6	504095.5
47327.1	503443.8	A18	3647314.5	503695.5	A27	3647135.5	503744.4	Q4	3647368.8	504099.3

工程名称		E泥石流治理工程		
设 计		图 名	泥石流治理工程总平面布置图	图 号	图8-32
校 核				
审 核		设计单位		日 期
审 定				

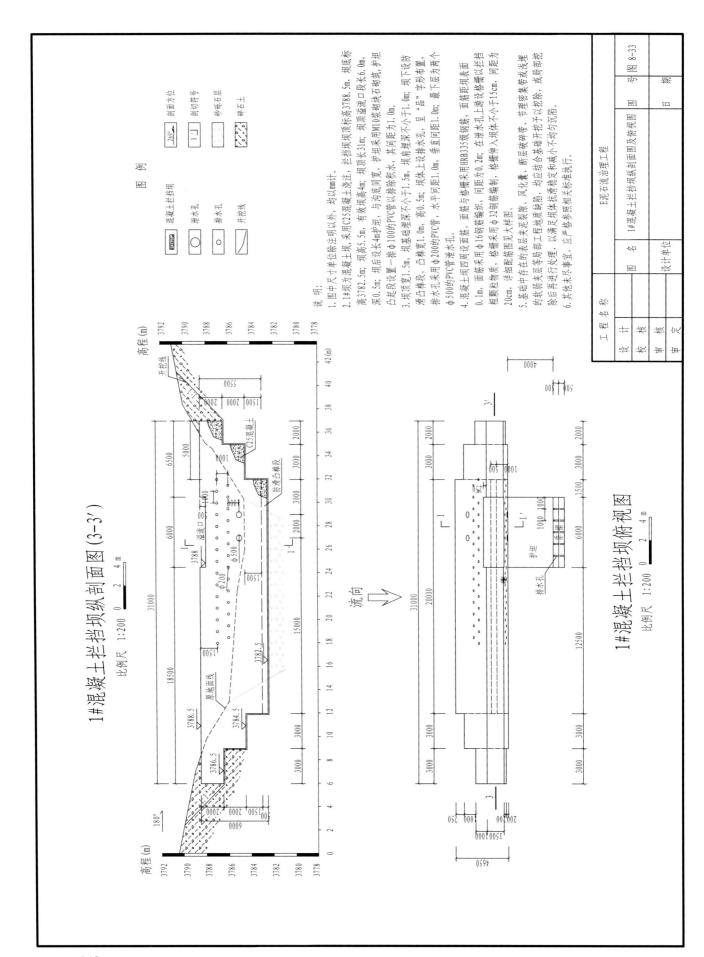

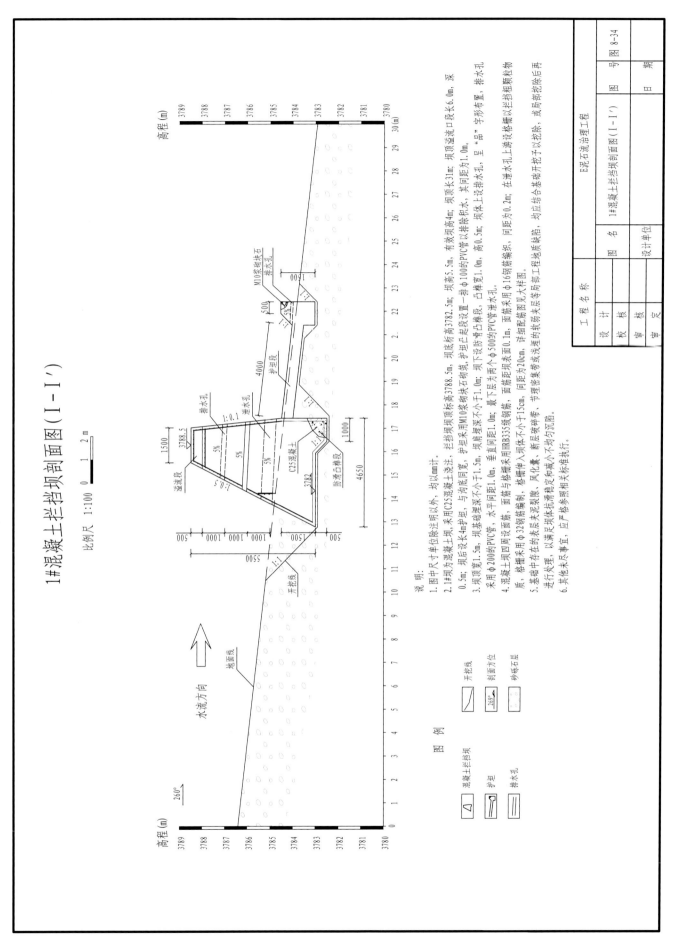

混凝土拦挡坝结构大样图

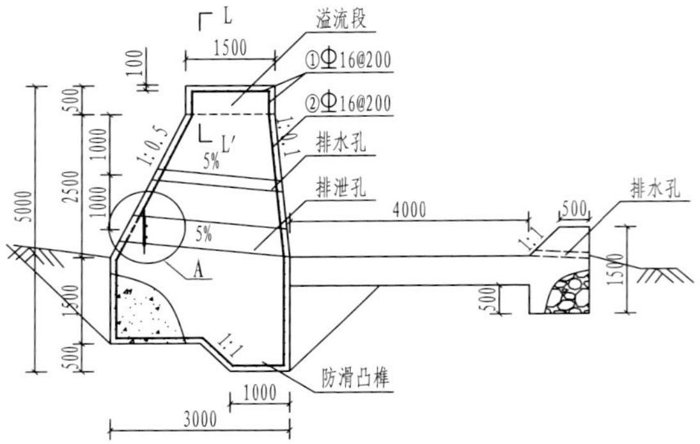

钢筋混凝土坝结构大样图 1:100

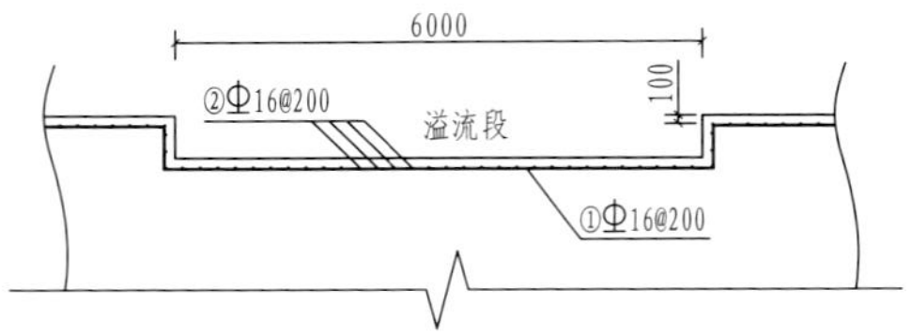

钢筋混凝土坝配筋图（L-L'） 1:100

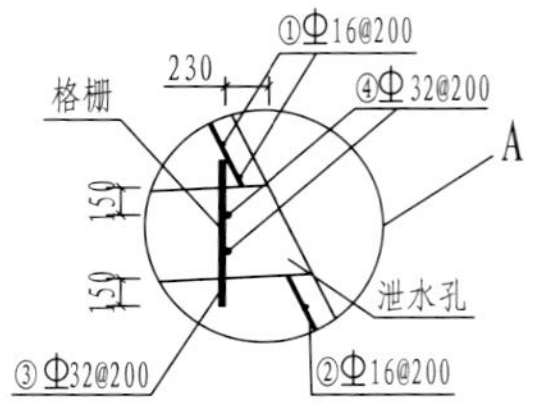

泄水孔格栅大样图（A） 1:50

说　明：
1. 图中尺寸单位除注明以外，均以mm计。
2. 混凝土坝坝顶宽1.5m，坝基础埋深约1.5m。坝顶设置溢流口，溢流口高0.5m；坝后设长4m护坦，与沟底同宽，具体宽度可根据实际情况进行调整；护坦采用M10浆砌块石砌筑，其间距1.0m。护坦凸起段设置一排φ100的PVC管以排除积水。
3. 混凝土坝四周设置面筋，面筋距现浇面0.1m。面筋采用φ16钢筋编织，格栅采用φ32钢筋编制，格栅伸入坝体不小于15cm。水孔上游设格栅以拦挡粗颗粒物质，格栅距现浇表面0.2m，在泄水孔上游设格栅以拦挡粗颗粒物质，格栅距现浇表面0.2m，在泄水孔间距为20cm。
4. 基础中存在的表层夹泥夹裂隙、风化囊、断层破碎带、节理密集带或建坝处理的软弱夹层等局部工程地质缺陷，均应结合基础开挖予以挖除，或局部挖除后再进行处理，以满足坝体抗滑稳定和减小不均匀沉降。
5. 其他未尽事宜，应参照相关标准执行。

工程名称	E泥石流治理工程
图　名	混凝土拦挡坝结构大样图
设计单位	
设计 校核 审核 审定	图号 8-35 日期

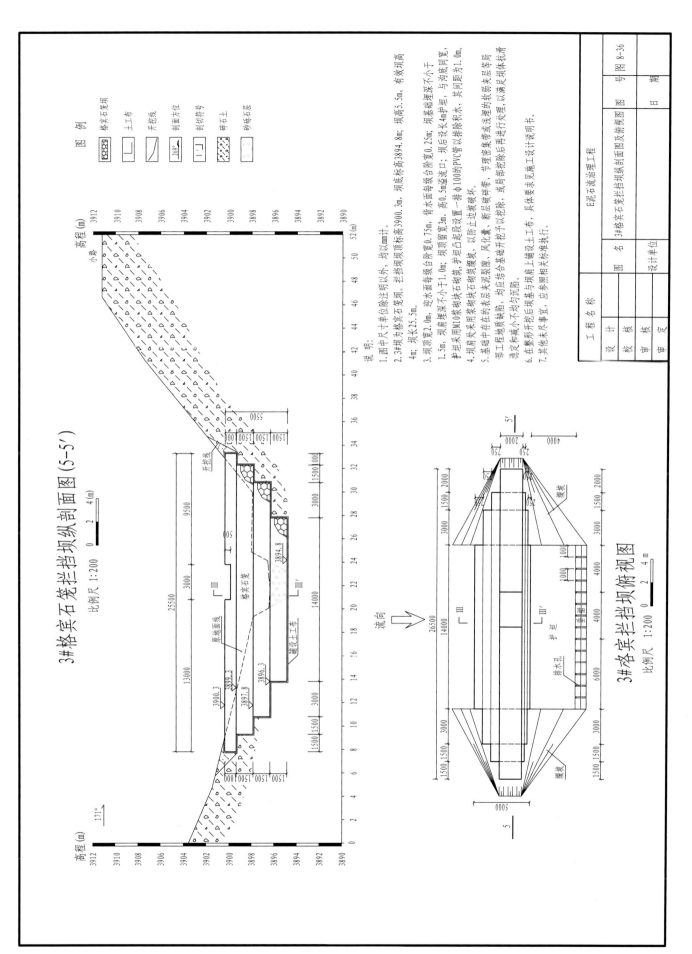

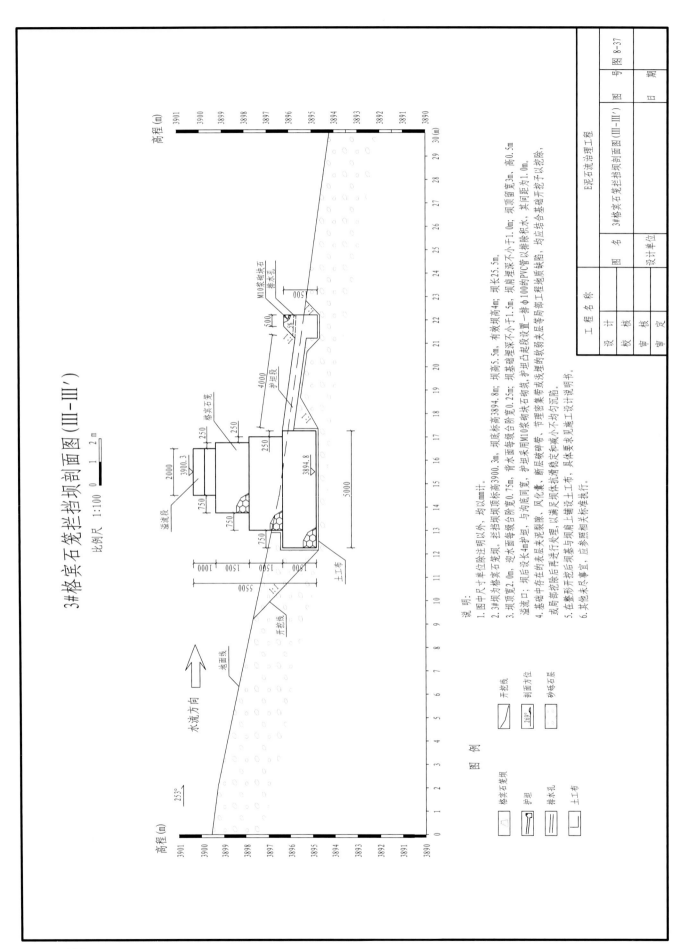

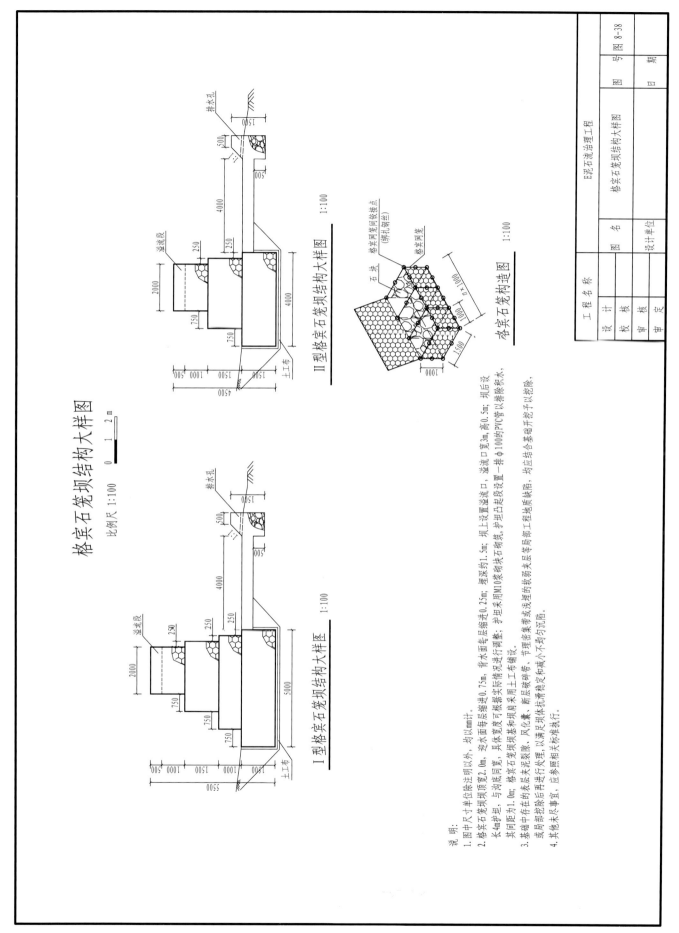

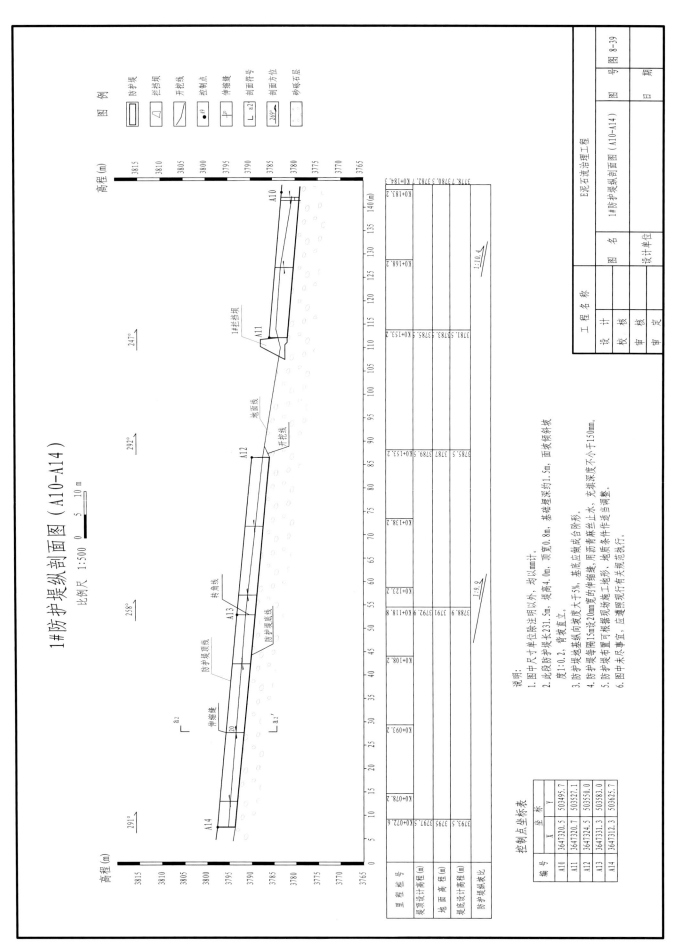

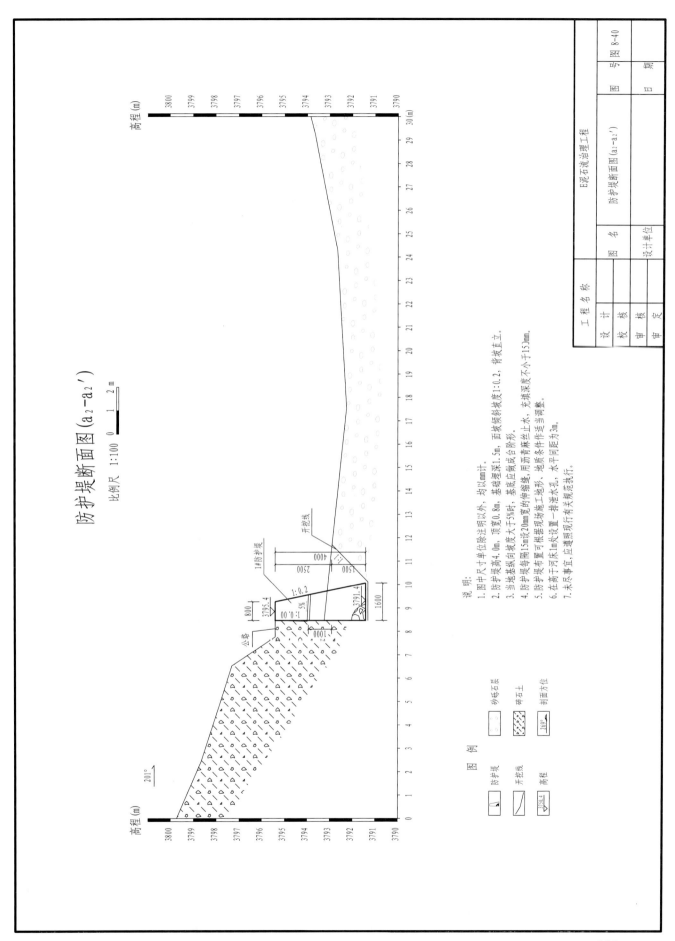

主要参考文献

陈洪凯等．危岩防治原理[M]．北京：地震出版社,2006
工程地质手册编委会．工程地质手册(第四版)[M]．北京：中国建筑工业出版社,2007
建筑施工手册(第四版)[M]．中国建筑工业出版社,2003
李坚．建筑制图标准(GB/T 50104—2001)[M]．北京：知识产权出版社,2005
水利水电工程土工合成材料应用技术规范(SL/T225—98)[M]．中国水利水电出版社,1998
水电水利工程地质制图标准(DLFF 5351—2006)[M]．北京：中国电力出版社,2007
苏爱军,马霄汉等．湖北省三峡库区滑坡防治地质勘查与治理工程技术规定[M]．武汉：中国地质大学出版社,2003
徐光黎等．现代加筋土技术理论与工程应用[M]．武汉：中国地质大学出版社,2004
冶金部建筑研究总院．土层锚杆设计与施工规范[M].1990
赵明阶等．边坡工程处治技术[M]．北京：人民交通出版社,2003
郑颖人等．边坡与滑坡工程治理[M]．北京：人民交通出版社,2007
中国地质环境监测院．长江三峡工程库区滑坡防治工程设计与施工技术规则[M]．北京：地质出版社,2001
中华人民共和国住房和城乡建设部．建筑结构制图标准(GB/T50105—2010)[M]．北京：中国建筑工业出版社,2010
11G101-1、11G101-2、11G101-3,国家建筑标准设计图集[S]
CECS 22—2005,中华人民共和国行业标准·岩土锚杆(索)技术规程[S]
DB55029—2004,地质灾害防治工程设计规范[S]
DZ/T 0219—2006,中华人民共和国行业标准·滑坡防治工程设计与施工技术规范[S]
DZT 0239—2004,泥石流灾害防治工程设计规范[S]
GB 50119—2003,中华人民共和国国家标准·混凝土外加剂应用技术规范[S]
GB 8076—2008,中华人民共和国国家标准·混凝土外加剂[S]
GB/T 14370—2007,中华人民共和国国家标准·预应力筋用锚具、夹具和连接器[S]
GB/T 14684—2011,中华人民共和国国家标准·建筑用砂[S]
GB/T 14685—2011,中华人民共和国国家标准·建筑用卵石、碎石[S]
GB/T 50001—2001,中华人民共和国住房和城乡建设部．房屋建筑制图统一标准[S]
GB/T 5223—2002,中华人民共和国国家标准·预应力混凝土用钢丝[S]
GB/T 5223.3—2005,中华人民共和国国家标准·预应力混凝土用钢棒[S]
GB/T 5224—2003,中华人民共和国国家标准·预应力混凝土用钢绞线[S]
GB/T19879—2005,中华人民共和国国家标准·建筑结构用钢板[S]
GB/T50279—1998,中华人民共和国国家标准·岩土工程基本术语标准[S]
GB13014—1991,中华人民共和国国家标准·钢筋混凝土用余热处理钢筋[S]
GB13788—2008,中华人民共和国国家标准·冷轧带肋钢筋[S]
GB1499.1—2008,中华人民共和国国家标准·钢筋混凝土用钢 第1部分:热轧光圆钢筋[S]
GB1499.2—2007/XG1—2009,中华人民共和国国家标准·钢筋混凝土用钢第2部分:热轧带肋钢筋[S]
GB175—2007/XG1—2009,中华人民共和国国家标准通用硅酸盐水泥[S]
GB50010—2010,混凝土结构设计规范[S]
GB50086—2001,中华人民共和国国家标准·锚杆喷射混凝土支护技术规范[S]
GB50203—2011,中华人民共和国国家标准·砌体结构工程施工质量验收规范[S]
GB50290—1998,中华人民共和国国家标准·土工合成材料应用技术规范[S]
GBJ 50204—2011,中华人民共和国国家标准·混凝土结构工程施工质量验收规范[S]
JC 860—2008,中华人民共和国行业标准·混凝土小型空心砌块和混凝土砖砌筑砂浆[S]
JGJ 180—2009,中华人民共和国行业标准·建筑施工土石方工程安全技术规范[S]
JGJ 52—2006,中华人民共和国行业标准·普通混凝土用砂、石质量及检验方法标准[S]
JGJ18—2003,钢筋焊接及验收规程[S]
JGJ94—2008,建筑桩基技术规范[S]
SL 260—98,中华人民共和国行业标准·堤防工程施工规范[S]

附 录

附录 A：图例

附表 A.0.1 地层色谱

地质时代、地层单位及其代号				色标编号		色标
宙(宇)	代(界)	纪(系)	世(统)	常规	微机	
显生宙 (P_H)	新生代 (K_z)	第四纪(Q)	全新世(Q_4/Q_h)	1～40	601～640	淡黄色
			更新世 ($Q_1Q_2Q_3/Q_p$)			
		第三纪 (R)	晚第三纪 (N)	上新世(N_2)	41～66	641～666	鲜黄色(上)、土黄色(下)
				中新世(N_1)			
			早第三纪 (E)	渐新世(E_3)			
				始新世(E_2)			
				古新世(E_1)			
	中生代 (M_z)	白垩纪(K)	晚白垩世(K_2)	67～94	667～694	鲜绿色
			早白垩世(K_1)			
		侏罗纪(J)	晚侏罗世(J_3)	99～138	699～738	天蓝色
			中侏罗世(J_2)			
			早侏罗世(J_1)			
		三叠纪(T)	晚三叠世(T_3)	143～184	743～784	绛紫色
			中三叠世(T_2)			
			早三叠世(T_1)			
	古生代 (P_z)	晚古生代 (P_{z2})	二叠纪(P)	晚二叠世(P_2)	189～220	789～820	淡棕色
				早二叠世(P_1)			
			石炭纪(C)	晚石炭世(C_3)	225～255	825～855	灰色
				中石炭世(C_2)			
				早石炭世(C_1)			
			泥盆纪(D)	晚泥盆世(D_3)	260～307	860～907	咖啡色
				中泥盆世(D_2)			
				早泥盆世(D_1)			
		早古生代 (P_{z1})	志留纪(S)	晚志留世(S_3)	312～351	912～951	果绿色
				中志留世(S_2)			
				早志留世(S_1)			
			奥陶纪(O)	晚奥陶世(O_3)	356～388	956～988	蓝绿色
				中奥陶世(O_2)			
				早奥陶世(O_1)			
			寒武纪(∈)	晚寒武世($∈_3$)	393～426	993～1026	暗绿色
				中寒武世($∈_2$)			
				早寒武世($∈_1$)			
元古宙 (P_T)	元古代 (P_t)	新元古代 (P_{t3})	震旦纪(Z)		467～480	1067～1080	绛棕色
			青白口纪				
		中元古代 (P_{t2})	蓟县纪		481～502	1081～1102	
			长城纪				
		古元古代(P_{t1})			503～510	1103～1110	
太古宙 (A_R)	太古代 (A_r)	新太古代(A_{r2})			511～530	1111～1130	玫瑰红色
		古太古代(A_{r1})					
冥古宙 (H_D)							

附表 A.0.2 第四系沉积成因分类色标

名称	色标		色号
冲积	Q^{al}	浅绿	31
洪积	Q^{pl}	草绿	35
坡积	Q^{dl}	橙黄	150
崩积	Q^{col}	酱红	216
残积	Q^{el}	紫	247
地滑堆积	Q^{del}	灰	85
风积	Q^{eol}	黄	16
冰川堆积	Q^{gl}	棕	102
冰水堆积	Q^{fgl}	深绿	123
湖积	Q^{l}	绿	271
沼泽堆积	Q^{f}	灰绿	143
海积	Q^{m}	蓝	270
火山堆积	Q^{v}	暗绿	122
泥石流	Q^{sef}	紫红	250

附表 A.0.3 风化带分界线符号(适用于剖面图)

名称	符号	名称	符号
全风化带下限	—××××—	弱风化带下限	—× ×—
强风化带下限	—×××—	微风化带下限	—×—

附表 A.0.4 其他物理地质现象符号

名称	符号	名称	符号
草地沼泽	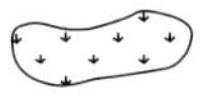	湿陷	
泥炭沼泽		岩锥	
变形体		陡岸及崩塌堆积	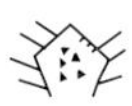
滑坡	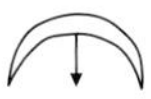	陡岸及崩塌堆积	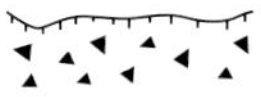
正在发展的滑坡体界限		泥石流	
崩塌		岩石倾倒体	
停止发展的滑坡体界限		坐落体	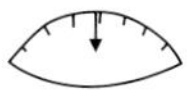

附表 A.0.5 碎屑岩类花纹

岩石名称	花纹	岩石名称	花纹
砾岩	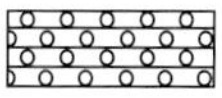	石英砂岩	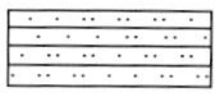
角砾岩	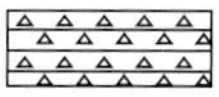	硬砂岩	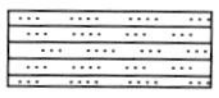
砂砾岩	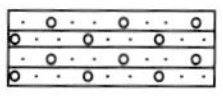	铁质砂岩	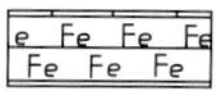
砂质砾岩	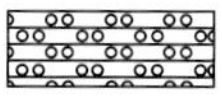	长石砂岩	
钙质砾岩	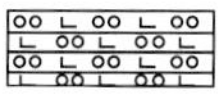	泥质粉砂岩	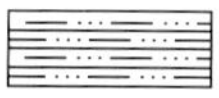
硅质砾岩	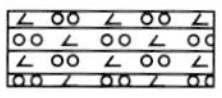	凝灰质粉砂岩	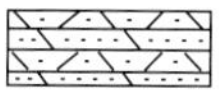
砂岩	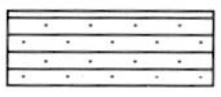	钙质砂岩	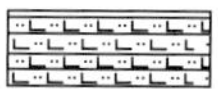

附表 A.0.6 粘土岩类花纹

岩石名称	花纹	岩石名称	花纹
粘土岩(或泥页岩)	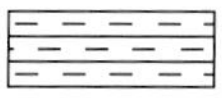	铝土页岩	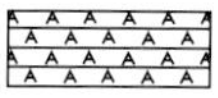
砂质粘土岩	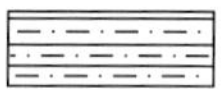	炭质页岩	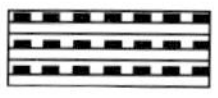
硅质粘土岩	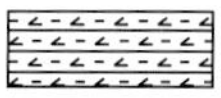	油页岩	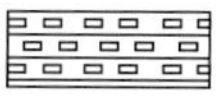
页岩		硅质页岩	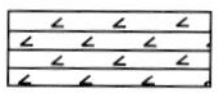
凝灰质页岩	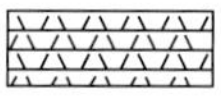	砂质页岩	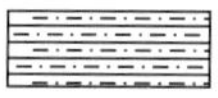

附表 A.0.7 化学与生物岩类花纹

岩石名称	花纹	岩石名称	花纹
石灰岩	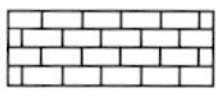	硅质条带状灰岩	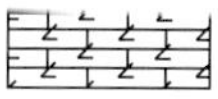
泥质灰岩	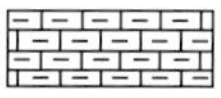	竹叶状灰岩	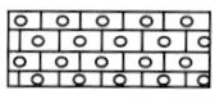
砂质灰岩	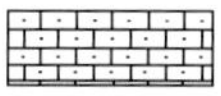	瘤状灰岩	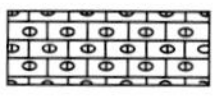
硅质灰岩		鲕状灰岩	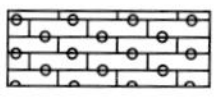
结晶灰岩	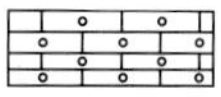	碎屑状灰岩	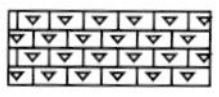
沥青质灰岩	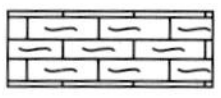	角砾状灰岩	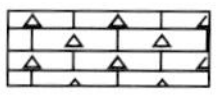
生物灰岩	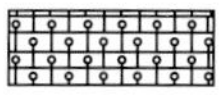	砾状灰岩	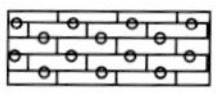
炭质灰岩	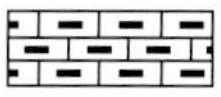	页状灰岩	

续附表 A.0.7

岩石名称	花纹	岩石名称	花纹
含圆藻硅质灰岩		豹皮状灰岩	
硅质结核灰岩		薄层灰岩	
含燧石结核灰岩		白云质灰岩	
泥灰岩		铝土层	
砂质泥灰岩		锰矿层	
硅质泥灰岩		黄铁矿	
白云岩		铁矿层	
泥质白云岩		煤层	
石灰华		石膏层	
磷块层		岩盐	

附表 A.0.8 松散沉积物花纹

岩石名称	花纹	岩石名称	花纹
孤石		碎石	
漂石		砾石	
块石		角砾	
卵石		砾质土	
砂(卵)砾石		砂	
粉土		钙质结核	
黄土		腐殖土	
粘土		填筑土	
淤泥		淤泥质粘土	
盐渍土		冰川泥砾	
泥岩		冰水沉积层	
古土壤			

附录B:钢筋规格及技术参数

附表 B.0.1　热轧光圆钢筋分级及牌号

产品名称	牌号	符号	牌号构成	英文字母含义
热轧光圆钢筋	HPB235	Φ	由HPB+屈服强度特征值构成	HPB——热轧光圆钢筋(Hot rolled Plain Bars)的英文缩写
	HPB300	Φ		
普通热轧钢筋	HRB335	Φ	由HRB+屈服强度特征值构成	HRB——热轧带肋钢筋(Hot rolled Ribbed Bars)的英文缩写
	HRB400	Φ		
	HRB500	Φ		
细晶粒热轧钢筋	HRBF335	Φ^F	由HRBF+屈服强度特征值构成	HRBF——在热轧带肋钢筋的英文缩写后加"细"的英文(Fine)
	HRBF400	Φ^F		
	HRBF500	Φ^F		

附表 B.0.2　热轧光圆钢筋力学性能特征值

牌号	R_{eL}(MPa)	R_m(MPa)	A(%)	A_{gt}(%)	冷弯试验180° D—弯芯直径 d—钢筋公称直径
	不小于				
HPB235	235	370	25.0	10.0	$D=d$
HPB300	300	420			
HRB335 / HRBF335	335	455	17	7.5	—
HRB400 / HRBF400	400	540	16		
HRB500 / HRBF500	500	630	15		

备注:R_{eL}为钢筋的屈服强度;R_m为抗拉强度;A为断后伸长率;A_{gt}为最大力总伸长率。

附表 B.0.3　热轧钢筋等级和直径符号

强度等级代号	外形	钢种	符号	主要用途	常用材料
HPB235	光圆	低碳钢	Φ	非预应力	Q235
HRB335	月牙肋	合金钢	Φ	非预应力 预应力	20MnSi
HRB400			Φ		25MnSi
RRB400			Φ^R	预应力	40Si2MnV

备注:一般采用引出线的方法,具体有以下两种标注方法:
1. 标注钢筋的根数、直径和等级:3Φ20;3表示钢筋的根数;Φ表示钢筋等级直径符号;20表示钢筋直径。
2. 标注钢筋的等级、直径和相邻钢筋中心距:Φ8@200;Φ表示钢筋等级直径符号;8表示钢筋直径;@表示相等中心距符号;200表示相邻钢筋的中心距(≤200mm)。

附表 B.0.4　钢筋的公称直径与弯芯直径

牌号	公称直径 d(mm)	弯芯直径 D(mm)
HRB335 HRBF335	6～25	$3d$
	28～40	$4d$
	>40～50	$5d$
HRB400 HRBF400	6～25	$4d$
	28～40	$5d$
	>40～50	$6d$
HRB500 HRBF500	6～25	$6d$
	28～40	$7d$
	>40～50	$8d$

附表 B.0.5　余热处理钢筋分级及牌号

类别	牌号	符号	牌号构成	英文字母含义
余热处理钢筋	RRB400	Φ^R	由 RRB+规定的屈服强度特征值构成	RRB——余热处理钢筋的英文缩写，W—焊接的英文缩写
	RRB500	Φ^R		
	RRB400W	Φ^{RW}	由 RRB+规定的屈服强度特征值构成+可焊	
	RRB500W	Φ^{RW}		

附表 B.0.6　余热处理钢筋力学性能特征值

牌号	R_{eL}(MPa)	R_m(MPa)	A(%)	A_{gt}(%)
	不小于			
RRB400	400	540	14	5.0
RRB500	500	630	13	
RRB400W	430	570	14	
RRB500W	530	660	13	

备注：R_{eL}为钢筋的屈服强度；R_m为抗拉强度；A为断后伸长率；A_{gt}为最大力总伸长率。

附表 B.0.7　余热处理钢筋的公称直径与弯芯直径

牌号	公称直径 d(mm)	弯芯直径 D(mm)
RRB400 RRB400W	8～25	$4d$
	28～40	$5d$
RRB500 RRB500W	8～25	$6d$
	28～40	$7d$

附表 B.0.8 冷轧带肋钢筋分级及牌号

类别	牌号	符号	牌号构成	英文字母含义
冷轧带肋钢筋	CRB550	ϕ^R	由CRB+规定的抗拉强度最小值构成	CRB——冷轧带肋钢筋(Cold Rolled Ribbed Bar)的英文缩写
	CRB650	ϕ^R		
	CRB800	ϕ^R		
	CRB970			

附表 B.0.9 冷轧带肋钢筋力学性能特征值

牌号	$R_{p0.2}$ (MPa) 不小于	R_m (MPa) 不小于	伸长率(%) 不小于 $A_{11.3}$	伸长率(%) 不小于 A_{100}	弯曲试验180°	反复弯曲次数	应力松弛(初始应力应相当于公称抗拉强度的70%) 1 000h松弛率(%)不大于
CRB550	500	550	8.0	—	$D=3d$	—	—
CRB650	585	650	—	4.0	—	3	8
CRB800	720	800	—	4.0	—	3	8
CRB970	875	970	—	4.0	—	3	8

注:$R_{p0.2}$为规定非比例延伸强度;R_m为抗拉强度;$A_{11.3}$、A_{100}为试样原始标距为11.3mm、100mm的拉伸试验断后伸长率;D为弯芯直径;d为钢筋公称直径。

附表 B.0.10 钢筋牌号新旧标准对比表

产品名称	牌号	牌号标志 新	牌号标志 旧	屈服强度(N/mm²) 新	屈服强度(N/mm²) 旧	抗拉强度(N/mm²) 新	抗拉强度(N/mm²) 旧	断后伸长率(%) 新	断后伸长率(%) 旧
热轧光圆钢筋	HPB235		Ⅰ				370		
	HPB300		Ⅰ				420		
普通热轧钢筋	HRB335	3	Ⅱ	335	335	455	490	17	16
	HRB400	4	Ⅲ	400	400	540	570	16	14
	HRB500	5	Ⅳ	500	500	630	630	15	12
细晶粒热轧钢筋	HRBF335	C3		335	335	455	490	17	16
	HRBF400	C4		400	400	540	570	16	14
	HRBF500	C5		500	500	630	630	15	12
余热处理钢筋	RRB400	K4							
	RRB500	K5							
	RRB400W	KW4							
	RRB500W	KW5							

注:屈服强度、抗拉强度及断后伸长率符号,由旧标准的σ_s、σ_b、δ_s改为新标准的屈服强度R_{eL}、抗拉强度R_m、断后伸长率A。

附表 B.0.11 钢筋弹性模量（N/mm²）

种类	E_s
HPB235 级钢筋	2.1×10^5
HRB335 级钢筋、HRB400 级钢筋、RRB400 级钢筋、热处理钢筋	2.0×10^5
消除应力钢丝（光面钢丝、螺旋肋钢丝、刻痕钢丝）	2.05×10^5
钢绞线	1.95×10^5

附表 B.0.12 钢筋公称质量表

直径 d(mm)	3	4	5	6	6.5	8	8.2	10	12	14
单根钢筋公称质量(kg/m)	0.055	0.099	0.154	0.222	0.260	0.395	0.415	0.617	0.888	1.21
直径 d(mm)	16	18	20	22	25	28	32	36	40	
单根钢筋公称质量(kg/m)	1.58	2.00	2.47	2.98	3.85	4.83	6.31	7.99	9.87	

注：钢筋公称质量计算公式：
W（质量,kg）$=F$（断面积,m²）$\times L$（长度,m）$\times\rho$（密度,g/cm³）$\times 1/1\,000$。
钢的密度：7.85g/cm³，d 表示断面直径；常见计算公式如下：
(1)圆钢每米质量$=0.006\,17\times d^2$；
(2)方钢每米质量$=0.007\,86\times$边宽$\times$边宽；
(3)六角钢每米质量$=0.006\,8\times$对边直径$\times$对边直径；
(4)八角钢每米质量$=0.006\,5\times d^2$；
(5)螺纹钢每米质量$=0.006\,17\times d^2$；
(6)等边角钢每米质量$=$边宽$\times$边厚$\times 0.015$。

附表 B.0.13 一般钢筋的表示方法

名称	图例	名称	图例	名称	图例
钢筋断面		带直钩的钢筋端部		带半圆形弯钩的钢筋搭接	
无弯钩的钢筋端面		带丝扣的钢筋端部		平直钩的钢筋端部	
带半圆形弯钩的钢筋端部		无弯钩的钢筋端部		套管接头	

附录C：锚杆技术参数

附表 C.0.1　岩土锚杆锚固体抗拔安全系数

安全等级	锚杆损坏的危害程度	最小安全系数	
		临时锚杆	永久锚杆
一级	危害大，会构成公共安全问题	1.8	2.4
二级	危害较大，但不致出现公共安全问题	1.6	2.2
三级	危害轻微，不构成公共安全问题	1.4	2.0

附表 C.0.2　锚杆杆体抗拉安全系数

工程安全等级	最小安全系数	
	临时锚杆	永久锚杆
一级	1.8	2.2
二级	1.6	2.0
二级	1.4	1.8

附表 C.1.1　岩石与水泥或水泥结石体的粘结强度标准值（推荐）

岩石类别	岩石单轴饱和抗压强度值（MPa）	粘结强度标准值（kPa）
极软岩	<5	350～500
软岩	5～15	500～1 000
较软岩	>15～30	1 000～1 200
较硬岩	>30～60	1 200～1 800
硬岩	>60	1 800～2 600

注：1. 表中数据适用于水泥砂浆或水泥结石体，强度等级为M30。
　2. 表中数据仅适用于初步设计，施工时应通过试验检验。
　3. 在岩体结构面发育时，粘结强度取表中下限值。

附表 C.1.2　土层与水泥砂浆或水泥结石体的粘结强度标准值（推荐）

土层种类	土的状态	粘结强度标准值（kPa）
粘性土	软塑	20～40
	可塑	40～50
	硬塑	50～65
	坚硬	65～100
粉土	中密	60～100
砂性土	松散	100～140
	稍密	140～200
	中密	200～280
	密实	120～180
碎石土	稍密	160～220
	中密	220～300
	密实	20～40

注：1. 表中数据适用于注浆，强度等级为M30。
　2. 表中数据仅适用于初步设计，施工时应通过试验检验。
　3. 本表适用于一次注浆；当采用二次高压一次注浆（压力>2.5MPa）加固锚固段周边地层时，表中粘结强度可提高50%。

附表 C.1.3 钢筋、钢绞线与水泥砂浆或水泥结石体的粘结强度标准值

锚杆类型	水泥浆或水泥砂浆强度等级		
	M25	M30	M35
水泥砂浆与螺纹钢筋间极限粘结强度标准值 f_{bk}(MPa)	2.10	2.40	2.70
水泥砂浆与钢绞线、高强钢丝间极限粘结强度标准值 f_{bk}(MPa)	2.75	2.95	3.40

注：1. 当采用二根钢筋点焊成束的做法时，粘结强度应乘 0.85 折减系数。
  2. 当采用三根钢筋点焊成束的做法时，粘结强度应乘 0.7 折减系数。
  3. 成束钢筋的根数不应超过三根，钢筋截面总面积不应超过锚孔面积的 20%。当锚固段钢筋和注浆材料采用特殊设计，并经试验验证锚固效果良好时，可适当增加锚筋用量。

附表 C.1.4 锚固长度对粘结强度的影响系数 ψ 建议值

锚固地层	土层					软岩或极软岩				
锚固段长度(m)	13～16	10～13	10	6～10	3～6	9～12	6～9	6	4～6	2～4
影响系数 ψ 取值	0.6～0.8	0.8～1.0	1.0	1.0～1.3	1.3～1.6	0.6～0.8	0.8～1.0	1.0	1.0～1.3	1.3～1.6

附表 C.1.5 预应力锚杆锚固段注浆体的抗压强度

锚固地层	锚杆类型	抗压强度标准值(MPa)
土层	拉力型和拉力分散型	≥20
	压力型和压力分散型	≥35
岩石	拉力型和拉力分散型	≥30
	压力型和压力分散型	≥35

附录 D：锚索规格及技术参数

附表 D.0.1 单根锚索设计安全系数

分类	安全系数			
	锚索体	注浆体与地层界面	注浆体与锚索体或注浆体与套管	椎体破坏
服务年限小于 6 个月的临时锚索，破坏后不会产生严重后果，且不会增加公共安全危害	1.4	2.0	2.0	2.0
服务年限不超过 2 年的临时锚索，破坏后尽管会产生严重后果，但没有事先预报也不会产生公共安全危害	1.6	2.51	2.5	3.0
永久锚索、高腐蚀地层的锚索、破坏后果相当严重的锚索	2.0	3.02	3.0	4.0

注：1. 如果现场试验已进行，可取安全系数为 2.0。
　　2. 如果在粘性土中，可取安全系数为 4.0。

附表 D.1.1 钢绞线的分类及代号

钢绞线类别	代号
用两根钢丝捻制的钢绞线	1×2
用三根钢丝捻制的钢绞线	1×3
用三根刻痕钢丝捻制的钢绞线	1×3I
用七根钢丝捻制的标准型钢绞线	1×7
用七根钢丝捻制又经模拔的钢绞线	(1×7)C

附表 D.1.2　1×2 结构钢绞线的力学性能（MPa）

钢绞线结构	钢绞线公称直径 D_n(mm)	抗拉强度 R_m(MPa) 不小于	整根钢绞线的最大力 F_m(kN) 不小于	规定非比例延伸力 $F_{p0.2}$(kN) 不小于	最大力总伸长率 ($L_0 \geq 400mm$) A_{gt}(%) 不小于	应力松弛性能	
						初始负荷相当于公称最大力的百分数(%)	1 000h 后应力松弛率 r(%) 不大于
1×2	5.00	1570	15.4	13.9	对所有规格	对所有规格	对所有规格
		1720	16.9	15.2			
		1860	18.3	16.5			
		1960	19.2	17.3			
	5.80	1570	20.7	18.6		60	1.0
		1720	22.7	20.4			
		1860	24.6	22.1			
		1960	25.9	23.3			

续附表 D.1.2

钢绞线结构	钢绞线公称直径 D_n(mm)	抗拉强度 R_m(MPa) 不小于	整根钢绞线的最大力 F_m(kN) 不小于	规定非比例延伸力 $F_{p0.2}$(kN) 不小于	最大力总伸长率 ($L_0 \geq 400$mm) A_{gt}(%) 不小于	应力松弛性能 初始负荷相当于公称最大力的百分数(%)	1 000h后应力松弛率 r(%) 不大于
1×2	8.00	1470	36.9	33.2	3.5	70	2.5
		1570	39.4	35.5			
		1720	43.2	38.9			
		1860	46.7	42.0			
		1960	49.2	44.3			
	10.00	1470	57.8	52.0		80	4.5
		1570	61.7	55.5			
		1720	67.6	60.8			
		1860	73.1	65.8			
		1960	77.0	69.3			
	12.00	1470	83.1	74.8			
		1570	88.7	79.8			
		1720	97.2	87.5			
		1860	105	94.5			

注：钢绞线直径 D_n 系指钢绞线截面的外接圆直径，即公称直径。

附表 D.1.3 1×3 结构钢绞线力学性能

钢绞线结构	钢绞线公称直径 D_n(mm)	抗拉强度 R_m(MPa) 不小于	整根钢绞线的最大力 F_m(kN) 不小于	规定非比例延伸力 $F_{p0.2}$(kN) 不小于	最大力总伸长率 ($L_0 \geq 400$mm) A_{gt}(%) 不小于	应力松弛性能 初始负荷相当于公称最大力的百分数(%)	1 000h后应力松弛率 r(%) 不大于
1×3	6.20	1 570	31.1	28.0	对所有规格	对所有规格	对所有规格
		1 720	34.1	30.7			
		1 860	36.8	33.1			
		1 960	38.8	34.9			
	6.50	1 570	33.3	30.0			
		1 720	36.5	32.9			
		1 860	39.4	35.5			
		1 960	41.6	37.4		60	1.0
	8.60	1 570	59.2	53.3			
		1 720	64.8	58.3			
		1 860	70.1	63.1			
		1 960	73.9	66.5		70	2.5

续附表 D.1.3

钢绞线结构	钢绞线公称直径 D_n(mm)	抗拉强度 R_m(MPa) 不小于	整根钢绞线的最大力 F_m(kN) 不小于	规定非比例延伸力 $F_{p0.2}$(kN) 不小于	最大力总伸长率 ($L_0 \geq 400$mm) A_{gt}(%) 不小于	应力松弛性能 初始负荷相当于公称最大力的百分数(%)	1000h后应力松弛率 r(%) 不大于
1×3	8.74	1 570	60.6	54.5	3.5	80	4.5
		1 670	64.5	58.1			
		1 860	71.8	64.6			
	10.80	1 470	86.6	77.9			
		1 570	92.5	83.3			
		1 720	101	90.9			
		1 860	110	99.0			
		1 960	115	104			
	12.90	1 470	125	113			
		1 570	133	120			
		1 720	146	131			
		1 860	158	142			
		1 960	166	149			
1×3I	8.74	1 570	60.6	54.5			
		1 670	64.5	58.1			
		1 860	71.8	64.6			

注:规定非比例延伸力 $F_{p0.2}$ 值不小于整根钢绞线的最大力 F_m 90%。

附表 D.1.4 1×7 结构钢绞线力学性能

钢绞线结构	钢绞线公称直径 D_n(mm)	抗拉强度 R_m(MPa) 不小于	整根钢绞线的最大力 F_m(kN) 不小于	规定非比例延伸力 $F_{p0.2}$(kN) 不小于	最大力总伸长率 ($L_0 \geq 500$mm) A_{gt}(%) 不小于	应力松弛性能 初始负荷相当于公称最大力的百分数(%)	1000h后应力松弛率 r(%) 不大于
1×7	9.50	1 720	94.3	84.9	对所有规格	对所有规格	对所有规格
		1 860	102	91.8			
		1 960	107	96.3			
	11.10	1 720	128	115		60	1.0
		1 860	138	124			
		1 960	145	131			
	12.70	1 720	170	153	3.5	70	2.5
		1 860	184	166			
		1 960	193	174			

续附表 D.1.4

钢绞线结构	钢绞线公称直径 D_n(mm)	抗拉强度 R_m(MPa) 不小于	整根钢绞线的最大力 F_m(kN) 不小于	规定非比例延伸力 $F_{p0.2}$(kN) 不小于	最大力总伸长率 ($L_0≥400mm$) A_{gt}(%) 不小于	应力松弛性能 初始负荷相当于公称最大力的百分数(%)	1 000h后应力松弛率 r(%) 不大于
1×7	15.20	1 470	206	185		80	4.5
		1 570	220	198			
		1 670	234	211			
		1 720	241	217			
		1 860	260	234			
		1 960	274	247			
	15.70	1 770	266	239			
		1 860	279	251			
	17.80	1 720	327	294			
		1 860	353	318			
1×7(C)	12.70	1 860	208	187			
	15.20	1 820	300	270			
	18.00	1 720	384	346			

注：规定非比例延伸力 $F_{p0.2}$ 值不小于整根钢绞线公称最大力 F_m 的90%。

附表 D.2.1 预应力钢筋锚固长度

项次	种类	混凝土强度等级		
		C30	C40	≥C50
1	刻痕钢丝(Φ5)	170α	105α	85α
2	钢绞线(三股)	—	100α	100α
3	钢绞线(七股)	—	120α	120α

注：1. 表中钢筋强度标准值为：刻痕钢丝1 570MPa，钢绞线1 860MPa，当强度标准值为其他数值时，锚固长度按强度比例增减。
2. 当强度标准值为其他数值时，锚固长度按强度比例增减。
3. 表中 α 为刻痕钢丝或钢绞线直径。

附表 D.3.1 钢绞线的公称直径、截面面积及理论质量

钢绞线规格	公称直径 D_n(mm)	公称截面面积(mm²)	公称质量(kg/m)
1×3	8.6	37.4	0.295
	10.8	59.3	0.465
	12.9	85.4	0.671
1×7 标准型	9.5	54.8	0.432
	11.1	74.2	0.580
	12.7	98.7	0.774
	15.2	139.0	1.101
	21.6	285.0	2.237

附表 D.4.1 锚具选用一般原则

应用部分		外锚头（张拉端）	内锚头（非张拉端）
预应力筋品种	钢绞线	夹片式锚具	挤压锚、夹片式锚具
	高强钢丝	夹片式锚具、墩头锚具	墩头锚具、挤压锚具
	精轧螺纹钢筋	专用螺母、垫板	螺母、垫板
	波形螺纹钢管	螺母、垫板	螺母、垫板

附表 D.4.2 OVM锚具基本参数表

OVM锚具	钢绞线直径	钢绞线根数	锚垫板 边长×厚度×内径	锚板 直径×厚度	波纹管 外径×内径
OVM15-6,7	φ15.2～15.7	6根,7根	200×180×140	135×60	77×70
OVM15-12	φ15.2～15.7	12根	270×250×190	175×70	97×90
OVM15-19	φ15.2～15.7	19根	320×310×240	217×90	107×100

注：单位均为 mm。

附表 D.5.1 常用承压钢垫板尺寸

锚索荷载（MN）	尺寸（mm）	
	边长不小于	厚度不小于
<0.6	200	25
0.6～1.0	200～220	25～30
1.0～1.5	220～250	30～35
1.5～2.0	250～300	35～40
2.0～2.5	300～330	40～45
2.5～3.0	330～350	45～50
3.0～4.0	350～440	50～55
4.0～5.0	440～460	55～60
5.0～6.0	460～510	60～65

附表 D.6.1 钢板的拉伸、冲击、弯曲性能

牌号	质量等级	屈服强度 R_{eL}（MPa）				抗拉强度 R_m（MPa）	伸长率 A（%）	冲击功（纵向）A_{kv}（J）		180°弯曲试验 D=弯芯直径 a=试样厚度		屈强比 不大于
		钢板厚度（mm）						温度（℃）	不小于	钢板厚度（mm）		
		6～16	>16～35	>35～50	>50～100					≤16	>16	
Q235GJ	B	≥235	235～355	225～345	215～335	400～510	≥23	20	34	$D=2a$	$D=3a$	0.80
	C							0				
	D							-20				
	E							-40				

续附表 D.6.1

牌号	质量等级	屈服强度 R_{eL}(MPa)				抗拉强度 R_m (MPa)	伸长率 A(%)	冲击功(纵向) A_{kv}(J)		180°弯曲试验 D=弯芯直径 a=试样厚度		屈强比不大于
		钢板厚度(mm)						温度(℃)	不小于	钢板厚度(mm)		
		6~16	>16~35	>35~50	>50~100					≤16	>16	
Q345GJ	B	≥345	345~465	335~455	325~445	490~610	≥22	20	34	$D=2a$	$D=3a$	0.83
	C							0				
	D							−20				
	E							−40				
Q390GJ	C	≥390	390~510	380~500	370~490	490~650	≥20	0	34	$D=2a$	$D=3a$	0.85
	D							−20				
	E							−40				
Q420GJ	C	≥420	420~550	410~540	400~530	520~680	≥19	0	34	$D=2a$	$D=3a$	0.85
	D							−20				
	E							−40				
Q460GJ	C	≥460	460~600	450~590	440~580	550~720	≥17	0	34	$D=2a$	$D=3a$	0.85
	D							−20				
	E							−40				

注:拉伸试样采用系数为5.65的比例试样。

附录 E：焊接连接及技术要求

附表 E.0.1　钢筋焊接方法的运用范围

焊接方法			接头型式	适用范围	
				接头型式	钢筋直径(mm)
电阻点焊				HPB235	8～16
				HRB335	6～16
				HRB400	6～16
				CRB550	4～12
闪光对焊				HPB235	8～20
				HRB335	6～40
				HRB400	6～40
				RRB400	10～32
				HRB500	10～40
				Q235	6～14
电弧焊	帮条焊	双面焊		HPB235	10～20
				HRB335	10～40
				HRB400	10～40
				RRB400	10～25
		单面焊		HPB235	10～20
				HRB335	10～40
				HRB400	10～40
				RRB400	10～25
	搭接焊	双面焊		HPB235	10～20
				HRB335	10～40
				HRB400	10～40
				RRB400	10～25
		单面焊		HPB235	10～20
				HRB335	10～40
				HRB400	10～40
				RRB400	10～25
	熔槽帮条焊			HPB235	20
				HRB335	10～40
				HRB400	10～40
				RRB400	20～25
	坡口焊	平焊		HPB235	18～20
				HRB335	18～40
				HRB400	18～40
				RRB400	18～25
		立焊		HPB235	18～20
				HRB335	18～40
				HRB400	18～40
				RRB400	18～25
	钢筋与钢板搭接焊			HPB235	8～20
				HRB335	8～40
				HRB400	8～25
	窄间隙焊			HPB235	16～20
				HRB335	16～40
				HRB400	16～40
	预埋件电弧焊	角焊		HPB235	8～20
				HRB335	6～25
				HRB400	6～25
		穿孔塞焊		HPB235	20
				HRB335	20～25
				HRB400	20～25

续附表 E.0.1

焊接方法	接头型式	适用范围	
		接头型式	钢筋直径(mm)
电碴压力焊		HPB235 HRB335 HRB400	14～20 14～32 14～32
气压焊	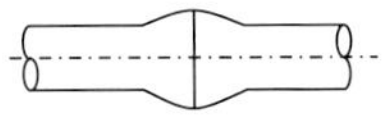	HPB235 HRB335 HRB400	14～20 14～40 14～40
预埋件钢筋 埋弧压力焊	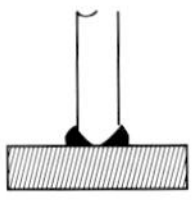	HPB235 HRB335 HRB400	8～20 6～25 6～25

附表 E.0.2 连续闪光焊钢筋上限直径

焊机容量(KV·A)	钢筋牌号	钢筋直径(mm)
160(150)	HRB235 HRB335 HRB400 RRB400	20 22 20 20
100	HRB235 HRB335 HRB400 RRB400	20 18 16 16
80(75)	HRB235 HRB335 HRB400 RRB400	16 14 12 12
40	HRB235 Q235 HRB335 HRB400 RRB400	10

附表 E.0.3 钢筋帮条长度

钢筋牌号	焊缝型式	帮条长度
HPB235	单面焊	≥8d
	双面焊	≥4d
HRB335 HRB400 RRB400	单面焊	≥10d
	双面焊	≥5d

注：d 为主筋直径(mm)

附表 E.0.4 窄间隙焊焊接参数

钢筋直径(mm)	端面间隙(mm)	焊条直径(mm)	焊接电流(A)
16	9～11	3.2	100～110
18	9～11	3.2	100～110
20	10～12	3.2	100～110
22	10～12	3.2	100～110
25	12～14	4.0	150～160
28	12～14	4.0	150～160
32	14～14	4.0	150～160
36	13～15	5.0	220～230
40	13～15	5.0	220～230

附表 E.0.5 钢筋电弧焊焊条型号

钢筋牌号	电弧焊接头形式			
	帮条焊、搭接焊	坡口焊 熔槽帮条焊 预埋件穿孔塞焊	窄间隙焊	钢筋与钢板搭接焊预埋件 T型角焊
HPB235	E4303	E4303	E4316 E4315	E4303
HRB335	E4303	E5003	E5016 E5015	E4303
HRB400	E5003	E5503	E6016 E6015	E5003
RRB400	E5003	E5503	—	—

附表 E.0.6 焊接骨架的允许偏差

项目		允许偏差(mm)
焊接骨架	长度	±10
	宽度	±5
	高度	±5
骨架箍筋间距		±10
受力主筋	间距、排距	±15 ±5

附表E.0.7 钢筋电弧焊接头尺寸偏差及缺陷允许值

名称		单位	接头型式		
			帮条焊	搭接焊 钢筋与钢板 搭接焊	坡口焊 窄间隙焊 熔漕帮条焊
棒体沿接头中心线的纵向偏移		mm	$0.3d$	—	—
接头处弯折角		°	3	3	3
接头处钢筋轴线的位移		mm	$0.1d$	$0.1d$	$0.1d$
焊缝厚度		mm	$+0.05d$ 0	$+0.05d$ 0	
焊缝宽度		mm	$+0.1d$ 0	$+0.1d$ 0	
焊缝长度		mm	$-0.3d$	$-0.3d$	
横向咬边深度		mm	0.5	0.5	-0.5
在长2d焊缝表面上的气孔及夹碴	数量	个	2	2	—
	面积	mm²	6	6	—
在全部焊缝表面上的气孔及夹碴	数量	个	—	—	2
	面积	mm²	—	—	6

注：d为钢筋直径(mm)

附表E.0.8 钢筋机械连接方法

连接方法		定义	特点	适用范围
套筒挤压连接	径向挤压连接	将一个钢套筒套在两根带肋钢筋的端部，用超高压液压设备(挤压钳)沿钢套筒径向挤压钢套管，在挤压钳挤压力作用下，钢套筒产生塑性变形与钢筋紧密结合，通过钢套筒与钢筋横肋的咬合，将两根钢筋牢固连接在一起的机械连接方法	接头强度高，性能可靠，可与母材等强，能够承受高应力反复拉压载荷及疲劳载荷，对现场条件和接头部位没有要求，但施工工人工作强度大，综合成本较高，适用于要求高的结构和部位	φ18～50mm的HRB335、HRB400、HRB500级带肋钢筋(包括焊接性差的钢筋)，相同直径或不同直径钢筋之间的连接
	轴向挤压连接	采用挤压机的压膜，沿钢筋轴线冷挤压专用金属套筒，把插入套筒里的两根热轧带肋钢筋紧固成一体的机械连接方法	操作较简单，连接速度快，无明火作业，可全天候施工，对现场条件和接头部位没有要求，但综合成本较高，现场施工不方便，接头质量不够稳定，未得到推广应用	按一、二级抗震设防要求的钢筋混凝土结构中φ20～32mm的HRB335、HRB400级热轧带肋钢筋现场连接施工
锥螺纹连接		利用锥螺纹能承受拉、压两种作用力及自锁性、密封性好的原理，将钢筋的连接端加工成锥螺纹，按规定的力矩值与连接件咬合形成接头的机械连接方法	工艺简单，可以预加工，连接速度快，同心度好，综合成本较低，不受钢筋含碳量和有无花纹限制，但锥螺纹接头质量不够稳定，同时加工螺纹的小径降低了母材的横截面积，降低了接头强度	工业与民用建筑及一般构筑物的混凝土结构中，钢筋直径为φ16～40mm的HRB335、HRB400级竖向、斜向或水平钢筋的现场连接施工
直螺纹连接	镦粗直螺纹连接	通过钢筋端头镦粗后制作的直螺纹和连接件螺纹咬合形成接头的机械连接方法	接头质量稳定可靠，连接速度快，套筒成本低，质量检验直观，克服了锥螺纹削弱钢筋截面而造成钢筋接头处强度下降的缺点，但在镦粗过程中易出现镦偏现象，一旦镦偏必须切掉重镦，螺纹加工增加了工序，成本增高	所有抗震设防和非抗震设防的混凝土结构工程，尤其适用于要求充分发挥钢筋强度和延性的重要结构

续附表 E.0.8

连接方法		定义	特点	适用范围
直螺纹连接	滚压直螺纹连接	通过钢筋端头直接滚压或挤(碾)压肋滚压或剥肋后滚压制作的直螺纹和连接件螺纹咬合形成接头的机械连接方法	可分为直接滚压螺纹、挤(碾)压肋滚压螺纹、剥肋滚压螺纹。直接滚压螺纹加工简单,设备投入少,但螺纹精度差,存在虚假螺纹现象;挤(碾)压肋滚压螺纹成型螺纹精度相对直接滚压有一定提高,但仍不能从根本上解决钢筋直径大小不一致对成型螺纹精度的影响,而且螺纹加工需要两道工序、两套设备完成;剥肋滚压螺纹牙型好、精度高、连接质量稳定可靠,具优良的抗疲劳、抗低温性能	不仅适用于直径为 φ12～50mm 的 HRB335、HRB400 级钢筋在任意方向和位置的相同直径、不同直径连接,而且还可应用于要求充分发挥钢筋强度和对接头延性要求高的混凝土结构以及对疲劳性能要求高的混凝土结构中

附录 F：水泥强度等级及水泥砂浆技术要求

附表 F.0.1　常用水泥的适用范围

项次	水泥名称	基本用途	适用范围	不适用范围	注意事项
1	硅酸盐水泥	混凝土、钢筋混凝土和预应力混凝土的地上、地下和水中结构		受侵蚀水（海水、矿物水、工业废水等）及压力水作用的结构	使用加气剂可提高抗冻能力
2	普通硅酸盐水泥				
3	矿渣硅酸盐水泥	混凝土和钢筋混凝土的地上、地下和水中的结构以及抗硫酸盐侵蚀的结构	高温条件下的地上一般建筑	需早期发挥强度的结构	加强洒水养护，冬期施工注意保温
4	火山灰质硅酸盐水泥			①受反复冻融及干湿循环作用的结构②干燥环境中的结构	
5	粉煤灰硅酸盐水泥	混凝土和钢筋混凝土的地上、地下和水中的结构；抗硫酸盐侵蚀的结构；大体积水工混凝土		需早期发挥强度的结构	加强洒水养护，冬期施工注意保暖

附表 F.0.2　常用水泥的化学指标

品种	代号	不溶物（质量分数%）	烧失量（质量分数%）	三氧化硫（质量分数%）	氧化镁（质量分数%）	氯离子（质量分数%）
硅酸盐水泥	P·Ⅰ	≤0.75	≤3.0	≤3.5	≤5.0[a]	≤0.06[c]
	P·Ⅱ	≤1.50	≤3.5			
普通硅酸盐水泥	P·O	—	≤5.0			
矿渣硅酸盐水泥	P·S·A	—	—	≤4.0	≤6.0[b]	
	P·S·B	—	—			
火山灰质硅酸盐水泥	P·P	—	—	≤3.5	≤6.0[b]	
粉煤灰硅酸盐水泥	P·F	—	—			
复合硅酸盐水泥	P·C					

注：a. 如果水泥压蒸试验合格，则水泥中氧化镁的含量（质量分数）允许放宽至 6.0%。
　　b. 如果水泥中氧化镁的含量（质量分数）大于 6.0%，需进行水泥压蒸安定性试验并合格。
　　c. 当有更低要求时，该指标由买卖双方协商确定。

附表 F.0.3 常用水泥的强度等级和各龄期的强度要求

品种名称	简 称	强度等级	抗压强度(N/mm²)		抗折强度(N/mm²)	
			3d	28d	3d	28d
硅酸盐水泥	纯熟料水泥	42.5	≥17.0	≥42.5	≥3.5	≥6.5
		42.5R	≥22.0		≥4.0	
		52.5	≥23.0	≥52.5	≥4.0	≥7.0
		52.5R	≥27.0		≥5.0	
		62.5	≥28.0	≥62.5	≥5.0	≥8.0
		62.5R	≥32.0		≥5.5	
普通硅酸盐水泥	普通水泥	42.5	≥17.0	≥42.5	≥3.5	≥6.5
		42.5R	≥22.0		≥4.0	
		52.5	≥23.0	52.5	≥4.0	≥7.0
		52.5R	≥27.0		≥5.0	
矿碴硅酸盐水泥 火山灰质硅酸盐水泥 粉煤灰硅酸盐水泥	矿碴水泥 火山灰质水泥 粉煤灰水泥	32.5	≥10.0	≥32.5	≥2.5	≥5.5
		32.5R	≥15.0		≥3.5	
		42.5	≥15.0	≥42.5	≥3.5	≥6.5
		42.5R	≥19.0		≥4.0	
		52.5	≥21.0	≥52.5	≥4.0	≥7.0
		52.5R	≥23.0		≥4.5	

注：①标号栏内有"R"的为早强型水泥。
②3d、28d的抗压和抗折强度都必须满足表中相应要求(d表示天)。

附表 F.0.4 混凝土强度标准值(N/mm²)

强度种类	混凝土强度等级									
	C15	C20	C25	C30	C35	C40	C45	C50	C55	C60
f_c	10	13.4	16.7	20.1	23.4	26.8	29.6	32.4	35.5	38.5
f_t	1.27	1.54	1.78	2.01	2.2	2.39	2.51	2.64	2.74	2.85

注：f_c——混凝土轴心抗压强度标准值；f_t——混凝土轴心抗拉强度标准值。

附表 F.0.5 混凝土轴心强度设计值(N/mm²)

强度种类	混凝土强度等级									
	C15	C20	C25	C30	C35	C40	C45	C50	C55	C60
f_c	7.2	9.6	11.9	14.3	16.7	19.1	21.1	23.1	25.3	27.5
f_t	0.91	1.1	1.27	1.43	1.57	1.71	1.80	1.89	1.96	2.04

注：f_c——混凝土轴心抗压强度设计值；f_t——混凝土轴心抗拉强度设计值。
当计算现浇钢筋混凝土轴心受压和偏心受压构件时，如截面边长或直径小于300mm，表中数值应乘以系数0.8；当构件质量(混凝土成型、截面和轴线尺寸等)确有保证时，可不受此限制。

附表F.0.6 混凝土弹性模量(×10⁴N/mm²)

强度种类	混凝土强度等级													
	C15	C20	C25	C30	C35	C40	C45	C50	C55	C60	C65	C70	C75	C80
E_c	2.20	2.55	2.80	3.00	3.15	3.25	3.35	3.45	3.55	3.60	3.65	3.70	3.75	3.80

注:当采用引气剂及较高砂率的泵送混凝土且无实测数据时,表中C50~C80的E_c值应乘以折减系数0.95。

附表F.0.7 砌筑砂浆的强度指标

强度等级	抗压极限强度(MPa)
M15	15
M10	10
M7.5	7.5
M5	5.0
M2.5	2.5

附表F.0.8 砂浆配合比(质量比)

附表F.0.8.1 水泥砂浆M2.5经验配合比

技术要求	强度等级:M2.5		稠度(mm):50~70	
原材料	水泥:32.5级		河砂:中砂	
配合比	每1m³材料用量(kg)	水泥	河砂	水
		200	1 450	300~320
	配合比例	1	7.25	参考用水量

附表F.0.8.2 水泥砂浆M5经验配合比

技术要求	强度等级:M5		稠度(mm):50~70	
原材料	水泥:32.5级		河砂:中砂	
配合比	每1m³材料用量(kg)	水泥	河砂	水
		200	1 450	260~280
	配合比例	1	7.25	参考用水量

附表F.0.8.3 水泥砂浆M7.5经验配合比

技术要求	强度等级:M7.5		稠度(mm):50~70	
原材料	水泥:32.5级		河砂:中砂	
配合比	每1m³材料用量(kg)	水泥	河砂	水
		230	1 450	260~280
	配合比例	1	6.30	参考用水量

附表F.0.8.4 水泥砂浆M10经验配合比

技术要求	强度等级:M10		稠度(mm):50~70	
原材料	水泥:32.5级		河砂:中砂	
配合比	每1m³材料用量(kg)	水泥	河砂	水
		270	1 450	260~280
	配合比例	1	5.37	参考用水量

附表F.0.8.5 水泥砂浆M15经验配合比

技术要求	强度等级:M15		稠度(mm):50~70	
原材料	水泥:32.5级		河砂:中砂	
配合比	每1m³材料用量(kg)	水泥	河砂	水
		320	1 450	260~280
	配合比例	1	4.53	参考用水量

附表F.0.8.6 水泥砂浆M20经验配合比

技术要求	强度等级:M20		稠度(mm):50~70	
原材料	水泥:32.5级		河砂:中砂	
配合比	每1m³材料用量(kg)	水泥	河砂	水
		360	1 450	260~280
	配合比例	1	4.03	参考用水量

附表F.0.8.7 水泥砂浆M25经验配合比

技术要求	强度等级:M25		稠度(mm):50~70	
原材料	水泥:32.5级		河砂:中砂	
配合比	每1m³材料用量(kg)	水泥	河砂	水
		414	1 603	260~280
	配合比例	1	3	参考用水量

附表F.0.8.8 水泥砂浆M30经验配合比

技术要求	强度等级:M30		稠度(mm):100~120	
原材料	水泥:42.5级		河砂:中砂	
配合比	每1m³材料用量(kg)	水泥	河砂	水
		569	1 226	280~300
	配合比例	1	2.15	参考用水量

附录G：砂料、石料及技术要求

附表 G.0.1 砂的分类

粗细程度	细度模数 μi	平均粒径(mm)
粗砂	3.7～3.1	0.5以上
中砂	3.0～2.3	0.35～0.5
细砂	2.2～1.6	0.25～0.35

附表 G.0.2 砂颗粒级配区

筛孔尺寸(mm)	级配区		
	I区	II区	III区
	累计筛余(%)		
10.00	0	0	0
5.00	10～0	10～0	10～0
2.50	35～5	25～0	15～0
1.25	65～35	50～10	25～0
0.63	85～71	70～41	40～16
0.315	95～80	92～70	85～55
0.16	100～90	100～90	100～90

附表 G.0.3 砂的质量要求

质量	项目		质量指标
含泥量 按重量计(%)	混凝土强度等级	≥C30	≤3.0
		＜C30	≤5.0
泥块含量 按重量计(%)		≥C30	≤1.0
		＜C30	≤2.0
有害物质限量	云母含量 按质量计(%)		≤2.0
	轻物质含量 按质量计(%)		≤1.0
	硫化物及硫酸盐含量 折算成 SO_3 按质量计(%)		≤1.0
	有机物含量(用比色法试验)		颜色不应深于标准色，如深于标准色，则应按水泥胶砂强度试验方法。进行强度对比试验，抗压强度比不应低于0.95
坚固性	混凝土所处的环境条件	在严寒及寒冷地区室外使用并经常处于潮湿或干湿交替状态下的混凝土	循环后质量损失(%) ≤8
		其他条件下使用的混凝土	≤10

附表 G.0.4 碎石或卵石的颗粒级配范围

级配情况	公称粒径(mm)	累计筛余按质量计(%) 筛孔尺寸(圆孔筛)(mm)											
		2.50	5.00	10.0	16.0	20.0	25.0	31.5	40.0	50.0	63.0	80.0	100
连续粒级	5～10	95～100	80～100	0～15	0	—	—	—	—	—	—	—	—
	5～16	95～100	90～100	30～60	0～10	0	—	—	—	—	—	—	—
	5～20	95～100	90～100	40～70	—	0～10	0	—	—	—	—	—	—
	5～25	95～100	90～100	—	30～70	—	0～5	0	—	—	—	—	—
	5～31.5	95～100	90～100	70～90	—	15～45	—	0～5	0	—	—	—	—
	5～40	—	95～100	75～90	—	30～65	—	—	0～5	0	—	—	—
单粒级	10～20	—	95～100	85～100	—	0～15	0	—	—	—	—	—	—
	16～31.5	—	95～100	—	85～100	—	—	0～10	0	—	—	—	—
	20～40	—	—	95～100	—	80～100	—	—	0～10	0	—	—	—
	31.5～63	—	—	—	95～100	—	—	75～100	45～75	—	0～10	0	—
	40～80	—	—	—	—	95～100	—	—	70～100	—	30～60	0～10	0

注:公称粒级的上限为粒级的最大粒径。

附表 G.0.5 石子的质量要求

质量项目				质量指标
针、片状颗粒含量,按重量计(%)	混凝土强度等级	≥C30		≤15
		<C30		≤25
含泥量按重量计(%)	混凝土强度等级	≥C30		≤1.0
		<C30		≤2.0
泥块含量按重量计(%)		≥C30		≤0.5
		<C30		≤0.7
碎石压碎指标值(%)	混凝土强度等级	水成岩	C55～C40	≤10
			≤C35	≤16
		变质岩或深层的火成岩	C55～C40	≤12
			≤C35	≤20
		火成岩	C55～C40	≤13
			≤C35	≤30
卵石压碎指标值(%)	混凝土强度等级		C55～C40	≤12
			≤C35	≤16
坚固性	混凝土所处的环境条件	在严寒及寒冷地区室外使用,并经常处于潮湿或干湿交替状态下的混凝土	循环后质量损失(%)	≤8
		在其他条件下使用的混凝土		≤12
有害物质限量	硫化物及硫酸盐含量 折算成SO_3按质量计(%)			≤1.0
	卵石中有机质含量(用比色法试验)			颜色应不深于标准色,如深于标准色,则应配制成混凝土进行强度对比试验,抗压强度比应不低于0.95

附录 H：土工合成材料及技术要求

附表 H.0.1　土工织物强度的最低影响系数

适用范围	影响系数			
	F_{iD}	F_{cR}	F_{cD}	F_{bD}
挡墙	1.1~2.0	2.0~4.0	1.0~1.5	1.0~1.3
堤坝	1.1~2.0	2.0~3.0	1.0~1.5	1.0~1.3
承载力	1.1~2.0	2.0~4.0	1.0~1.5	1.0~1.3
斜坡稳定	1.1~1.5	1.5~2.0	1.0~1.5	1.0~1.3

注：1. 临时性工程取小值；
2. 系数乘积（$F_{iD}F_{cR}F_{cD}F_{bD}$）宜采用 2.5~5.0。

附表 H.0.2　系数 n（反滤准则）

被保护土细粒 （$d \leqslant 0.075$mm）含量（%）	土的不均匀系数 或土工织物品种		n 值
≤50%	2≥Cu，Cu≥8 4≥Cu>2 8>Cu>4		1 0.5Cu 8/Cu
>50%	有纺织物 无纺织物	$O_{95} \leqslant 0.3$mm	1 1.8

注：预计所埋土工织物连同其下土粒可能移动时，n 值应采用 0.5。

附表 H.0.3　土工织物强度的基本要求

测试项目	单位	用途分类					
		Ⅰ级		Ⅱ级		Ⅲ级	
		伸长率<50%	≥50%	<50%	≥50%	<50%	≥50%
握持强度	N	≥1 400	≥900	≥1 100	≥700	≥800	≥500
撕裂强度	N	≥500	≥350	≥400	≥250	≥300	≥175
刺破强度	N	≥500	≥350	≥400	≥250	≥300	≥175
CBR 顶破强度	N	≥3 500	≥1 750	≥2 750	≥1 350	≥1 000	≥950

注：① 表中指对机织单丝织物，采用 250N；
② 表列数值指卷材沿强度最弱方向测试的最低平均值。

附表 H.0.4　岩石边坡防护土工网、土工格栅的性能要求

防护方式	抗拉强度(kN/m)	网格尺寸(mm)
裸露式≥25	单向拉伸格栅	长边≤150
	双向拉伸格栅	≤100
埋藏式≥8	单向拉伸格栅	25～150
	双向拉伸格栅	25～100
	土工网	25～140

附表 H.0.5　土工模袋材料要求

指标内容	指标要求	指标内容	指标要求
顶破强度(N)	≥1500	等效孔径 O_{95}(mm)	0.07～0.15
渗透系数(10^{-3}cm/s)	0.86～10	延伸率(%)	≤15

附表 H.0.6　混凝土骨料的最大粒径要求

工模袋厚度(mm)	骨料最大粒径(mm)
150～250	≤20
≥250	≤40

附表 H.0.7　玻纤网材料技术要求

指标内容	指标要求	测试温度(℃)
抗拉强度(kN/m)	≥50	20±2
最大负荷延伸率(%)	≤3	20±2
网孔尺寸(mm×mm)	12×12～20×20	20±2
网孔形状	矩形	20±2

附表 H.0.8　土工织物材料技术要求

指标内容	指标要求	测试温度(℃)
抗拉强度(kN/m)	≥8	20±2
单位面积质量(g/m²)	≤200	20±2

附表 H.0.9　加筋工程土工合成材料实测项目

项次	检查项目	规定值或允许偏差	检查方法和频率
1	下承层平整度拱度	符合设计要求	每200m检查4处
2	搭接宽度(mm)	+50,-0	抽查2%
3	搭接缝错开距离(mm)	符合设计要求	抽查2%
4	锚固长度(mm)	符合设计要求	抽查2%

附表 H.0.10　过滤工程土工合成材料实测项目

项次	检查项目	规定值或允许偏差	检查方法和频率
1	下承层平整度拱度	符合设计要求	每200m检查4处
2	搭接宽度(mm)	+50,-0	抽查2%
3	搭接缝错开距离(mm)	符合设计要求	抽查2%

附表 H.0.11　排水工程土工合成材料实测项目

项次	检查项目	规定值或允许偏差	检查方法和频率
1	下承层平整度拱度	符合设计要求	每200m检查4处
2	搭接宽度(mm)	+50,-0	抽查2%
3	搭接缝错开距离(mm)	符合设计要求	抽查2%

附表 H.0.12　坡面防护工程土工合成材料实测项目

项次	检查项目	规定值或允许偏差	检查方法和频率
1	下承层平整度拱度	符合设计要求	每200m检查4处
2	固定点间距(mm)	+0,-20	抽查2%

附表 H.0.13　冲刷防护工程土工合成材料(土工织物软体沉排)实测项目

项次	检查项目	规定值或允许偏差	检查方法和频率
1	下承层平整度拱度	符合设计要求	每200m检查4处
2	搭接宽度(mm)	+50,-0	抽查2%
3	充填或压重块体厚度(mm)	+50,-0	每100m检查4处

附表 H.0.14　冲刷防护工程土工合成材料(土工模袋)实测项目

项次	检查项目	规定值或允许偏差	检查方法和频率
1	下承层平整度拱度	符合设计要求	每200m检查4处
2	模袋厚度(mm)	+50,-0	每100m检查4处
3	模袋混凝土坍落度(mm)	+20,-20	每100m³检查2次
4	充填料强度(mm)	符合设计要求	每100m³检查1组

附表 H.0.15　防裂工程土工合成材料实测项目

项次	检查项目	规定值或允许偏差	检查方法和频率
1	下承层平整度拱度	符合设计要求	每200m检查4处
2	搭接宽度(mm)	符合设计要求(横向)	抽查2%
3	搭接宽度(mm)	符合设计要求(纵向)	抽查2%
4	与下承层的粘结力(N)	≥20	抽查2%